湖州市吴兴区气象灾害特征与风险评估

孟华兵　主编

气象出版社
China Meteorological Press

内容简介

本书首先介绍了浙江省湖州市吴兴区的自然环境、经济社会发展和主要气象灾害概况，然后分别介绍了吴兴区多年来台风、暴雨、干旱、高温、低温、冷空气大风、雨雪冰冻、风雹、雷电等9种气象灾害的致灾因子特征、典型灾害过程，以及气象灾害致灾危险性评估及其针对人口、GDP和农作物的风险评估与区划的资料、技术方法、评估与区划成果等，为当地气象灾害致灾危险性评估以及针对不同承灾体的风险评估与区划提供参考依据，以期客观认识吴兴区气象灾害综合风险水平，为当地政府有效开展气象灾害防治和应急管理工作、切实保障社会经济可持续发展、农业生产提供气象灾害风险信息和科学决策依据。

图书在版编目（CIP）数据

湖州市吴兴区气象灾害特征与风险评估 / 孟华兵主编. -- 北京 : 气象出版社, 2025. 4. -- ISBN 978-7-5029-8449-6

Ⅰ. P429

中国国家版本馆CIP数据核字第2025NQ7551号

湖州市吴兴区气象灾害特征与风险评估

Huzhou Shi Wuxing Qu Qixiang Zaihai Tezheng yu Fengxian Pinggu

---

出版发行：气象出版社
地　　址：北京市海淀区中关村南大街46号　　**邮政编码**：100081
电　　话：010-68407112(总编室)　010-68408042(发行部)
网　　址：http://www.qxcbs.com　　**E-mail**：qxcbs@cma.gov.cn
责任编辑：张锐锐　宋童艾　　**终　　审**：张　斌
责任校对：张硕杰　　**责任技编**：赵相宁
封面设计：地大彩印设计中心
印　　刷：北京建宏印刷有限公司
开　　本：787 mm×1092 mm　1/16　　**印　　张**：10.5
字　　数：264千字
版　　次：2025年4月第1版　　**印　　次**：2025年4月第1次印刷
定　　价：60.00元

《湖州市吴兴区气象灾害特征与风险评估》
编委会

主　编　孟华兵

副主编　张齐彦　周瑾婷　孙　莉　任　韵

编　委（以姓氏笔画为序）

于重洋　方　越　吕　进　吴洁钰

张　艳　陆鸿英　明　明　赵　晨

顾永强　童佳丽

序

全球气候变化是人类面临的规模最大、影响最深远的挑战。随着全球变暖的加剧和社会经济财产的不断聚集，气象灾害导致的经济损失呈现逐年递增趋势。1980—2022年，全球共记录发生11174次自然灾害事件，其中与气象相关的天气气候和水文灾害事件就有9944次，占所有自然灾害事件总数的89%，直接经济损失由20世纪80年代的323亿美元/年增加至21世纪10年代的1078亿美元/年(2022年市值)，气象灾害所造成的经济损失和死亡人口占所有自然灾害总和的70%以上。

开展浙江省湖州市吴兴区气象灾害特征与风险评估是一项意义重大的调查，是提升自然灾害防治能力的基础性工作。吴兴区地处浙江北部杭嘉湖平原区、太湖南岸，素有“五山四水一分田”之称，地形地貌多样，影响吴兴区的天气和气候系统复杂。例如，暴雨、低温、台风、高温、干旱、雨雪冰冻等常见灾害气候影响着吴兴区的方方面面，不仅灾害发生种类多、频率高、强度大、范围广，而且常多灾并发，突发性强，危害损失十分严重。通过开展评估，摸清吴兴区气象灾害风险隐患底数，查明重点地区防灾减灾能力，科学评估气象灾害综合风险水平，对于制定科学实用的灾害综合防治区划、筑牢防灾减灾救灾人民防线、保障经济社会可持续发展具有十分重要的意义。有序有效组织开展吴兴区气象灾害特征与风险评估各项工作，全面摸清吴兴区气象灾害风险隐患的基本情况，进一步充实完善风险数据库信息，最大限度地减轻灾害造成的损失，科学开展防灾减灾能力建设，为推动全区经济社会高质量发展提供强有力支持。

根据吴兴区自然灾害种类分布、影响程度和特征，本书中气象灾害特征与风险评估涉及的普查内容主要有台风、暴雨、干旱、高温、低温、冷空气大风、雨雪冰冻、风雹、雷电等气象灾害调查与评估以及历史灾害调查与评估、综合减灾资源(能力)调查与评估、重点隐患调查与评估、主要灾害风险评估与区划以及灾害综合风险评估与区划等。

孟华兵

2024年10月7日

前　言

经过1年多的努力，《湖州市吴兴区气象灾害特征与风险评估》一书终于编著完毕，全书分为10章。本书首先介绍了吴兴区的自然环境、经济社会发展和主要气象灾害概况，然后分别介绍了吴兴区多年来台风、暴雨、干旱、高温、低温、冷空气大风、雨雪冰冻、风雹、雷电9种气象灾害的致灾因子特征、典型灾害过程，以及气象灾害致灾危险性评估及其针对人口、GDP和农作物的风险评估与区划的资料、技术方法、评估与区划成果等，为当地气象灾害致灾危险性评估以及针对不同承灾体的风险评估与区划提供参考依据，以期客观认识吴兴区气象灾害综合风险水平，为当地政府有效开展气象灾害防治和应急管理工作、切实保障社会经济可持续发展、农业生产提供气象灾害风险信息和科学决策依据。

本书第1章综述，主要介绍了吴兴区自然环境概况，人口、经济和社会发展概况，气象灾害和气象站点概况。第2章台风，主要介绍了台风灾害调查方法及调查资料概述、影响台风的基本气象特征、台风致灾危险性评估与分区、承灾体暴露度评估、承灾体脆弱性评估、台风灾害风险评估与分区等内容。第3章暴雨，主要介绍了调查资料及方法、致灾危险性调查与评估、暴雨灾害风险评估等内容。第4章干旱，主要介绍了调查方法与调查资料、致灾危险性调查与评估、干旱灾害风险性评估与区划、风险评估、历史主要干旱灾害事件等内容。第5章高温，主要介绍了调查方法及调查资料、致灾危险性调查与评估、高温灾害风险评估与区划、历史主要高温灾害事件等内容。第6章低温，主要介绍了调查方法及调查资料、资料来源、致灾危险性调查与评估、低温灾害风险评估与区划、历史主要低温灾害事件等内容。第7章冷空气大风，主要介绍了数据与方法、冷空气大风特征分析、冷空气大风灾害危险性评估、冷空气大风灾害孕灾环境敏感性评估、冷空气大风灾害风险评估与区划等内容。第8章雨雪冰冻，主要介绍了调查方法及调查资料、致灾危险性调查与评估、致灾危险性评估、雨雪冰冻灾害风险评估与区划、历史主要雨雪冰冻灾害事件等内容。第9章风雹，主要介绍了调查资料及处理方法、风雹特征分析、危险性评估、风雹灾害风险评估与区划等内容。第10章雷电，主要介绍了资料和方法、雷电及其灾害特征分析、雷电灾害危险性评估、雷电灾害风险评估与区划等内容。

全书由孟华兵（湖州市吴兴区农业技术推广服务中心）任主编，张齐彦（湖州市吴兴区农业技术推广服务中心）、周瑾婷（湖州市吴兴区农业技术推广服务中心）、孙莉（湖州市吴兴区农业技术推广服务中心）、任韵（湖州市农业科学研究院）任副主编，陆鸿英（湖州市吴兴区农业技术推广服务中心）、张艳（湖州市吴兴区农业技术推广服务中心）、于重洋（湖州市吴兴区农业技术推广服务中心）、赵晨（湖州市关兴区农业技术推广服务中心）、顾永强（湖州市吴兴区道场乡农业农村办）、童佳丽（湖州市吴兴区埭溪镇农业农村办）、方越（湖州市植保检疫与耕肥管理站）、吕进（湖州市植保检疫与耕肥管理站）、吴洁钰（湖州市吴兴区农业技术推广服务中心）任编委，其中，第1—7章由孟华兵执笔，第8章、第9章由张齐彦、周瑾婷、孙莉、陆鸿英、张艳、吴洁钰、赵晨执笔，第10章由任韵、明明、于重洋、顾永强、童佳丽、吕进、方越执笔。孟华兵负责全书的统稿。气象出版社为本书的出版给予了大力支持，在此一并致谢。

由于编著者水平有限，书中不妥和错误之处，恳请广大读者批评指正。

作者

2024年12月

目　录

第1章 综 述

1.1 自然环境概述

1.1.1 地理位置

湖州市吴兴区位于浙江北部、太湖南岸，介于30°—31°N、119°—120°E，东距上海150 km，南接杭州86 km，西连南京230 km。

1.1.2 地形地貌

吴兴区境内以分割破碎的低山、丘陵以及广阔平原为基本特色。地势自西南向东北倾斜，低山丘陵以及盆地主要分布在西南部，由天目山东支延伸到市郊的埭溪、妙西一带而形成。东北部为湖沼型沉积平原，地势低洼，平均海拔约3.5 m。河网密布，湖塘众多，地下水位很高。由于人类长期活动的结果，原始地形已受到改变，河岸修筑了高出地面1.0～3.0 m的河堤，从而构成了特殊的地貌景观。

1.1.3 河流水系

吴兴区境内主要河流水系分为苕溪水系、东部平原运河水系两部分。苕溪水系包括东苕溪、西苕溪及尾间的环城河、旄儿港等河道，在白雀塘桥汇合后，经小梅港、长兜港注入太湖。东部平原水系为杭嘉湖平原运河西水系的一部分，河道纵横交错，是平原地区排洪和引水的通道。东西向主要河道为頔塘、北横塘、南横塘和鲇鱼口闸下游河道；南北向主要河道为大钱港、罗溇港、幻溇港、濮溇港、汤溇港等。

1.1.4 气候、生态环境

吴兴区地处北亚热带季风气候区，四季分明，温和湿润。年平均气温15.5～16.0 ℃，无霜期224～246 d，年降水量为1277.6 mm，平均降雨日142～155 d。多年平均日照时数为1807.3～

2030.6 h,日照率在 42%~48%。年平均相对湿度 80%左右,多年平均最大风速 20.3 $m \cdot s^{-1}$。全年多风向频率为东南风,少为西南风。吴兴区境内植被属中亚热带常绿阔叶林,北部亚热带的浙皖山区青冈苦槠林。森林类型可分为针叶林和阔叶林两类,另有竹林广泛分布。现存植被大多为次生林与人工林,低山区森林覆盖率较高,丘陵地带植被稀疏。海拔 50~500 m 的丘陵坡地,自然植被以毛竹、小径竹和常绿针、阔混交林为主,主要树种有青冈、甜槠、木荷、马尾松、香樟和檫树等。人工植被有毛竹、小径竹、茶和果树等。海拔 50 m 以下的河谷、台地和平原,以农作物和经济林为主,也有较多小竹林分布。主要人工植被有茶、桑、水杉和果树等。

1.2 人口、经济和社会发展概况

1.2.1 人口

全区 2020 年末户籍人口 63.74 万人。其中男性 31.15 万人,女性 32.59 万人,分别占总人口的 48.9%和 51.1%;乡村人口 26.53 万人,城镇人口 37.21 万人,分别占总人口的 41.6%和 58.4%;全年出生人口 4758 人,死亡人口 4382 人,全区自然增长人口为 376 人。

根据第七次人口普查数据,截至 2020 年 11 月 1 日零时,吴兴区常住人口为 712595 人。2021 年末,常住人口 72.7 万人,城镇人口 53.7 万人。

1.2.2 历史

吴兴为浙江省湖州市的古称,三国吴甘露二年(266 年),吴主孙皓取“吴国兴盛”之意改乌程为吴兴,并设吴兴郡,辖地相当于湖州市全境,钱塘(今杭州)、阳羡(今宜兴)。楚考烈王十五年(公元前 248 年),春申君黄歇徙封于吴,于今吴兴区道场乡境内筑菰城,置菰城县。秦改称乌程县。唐调露二年(680 年),分乌程置吴兴县,这是县以“吴兴”冠名的第一次。后建制虽数有变更,但保留“吴兴”之名。民国元年(1912 年)2 月,撤道废府,设吴兴县。1981 年 1 月,吴兴撤县并入湖州市。2003 年起,湖州市区改名为吴兴区,成为浙江省湖州市下辖的一个区。

1.2.3 社会经济

2020 年,吴兴区实现地区生产总值(GDP)752.75 亿元,按可比价计算,同比增长 3.3%。分产业看,第一产业增加值 22.81 亿元,增长 1.6%;第二产业增加值 341.60 亿元,其中工业增加值 300.23 亿元,分别增长 0.9%和 2.0%;第三产业增加值 388.35 亿元,增长 5.6%。分产业结构看,第一、二、三产业结构调整为 3.0∶45.4∶51.6,产业结构继续优化。

1.3 气象灾害概况

由于特定的地理位置和复杂的地貌条件,天气复杂,气象灾害频繁。春季有寒潮、低温阴雨、强对流、春旱等，少数年份还会出现冰冻天气；夏季有热带气旋、暴雨、强雷暴、高温等灾害天气；秋季尽管多秋高气爽的晴好天气，但由于雨水少、蒸发量大，常有秋旱发生，一些年份还会出现台风和寒潮天气；冬季雨水稀少，大多数年份都会出现秋冬连旱，寒潮、低温、大风也是这个季节的主要灾害性天气。随着全球气候变暖和城市的快速发展，吴兴区也呈现出平均气温升高、相对湿度下降、日照时数减少、能见度明显降低的显著趋势，极端天气气候事件频繁发生(秦大河，2015)，高温酷热增多、干旱趋于频繁、灰霾愈加严重、强降雨不断出现、台风强度剧烈等，对吴兴区社会和经济的和谐发展也构成了威胁。

1.4 气象站点概况

截至2020年吴兴区共有25个常规观测站，其中，代表气象站吴兴区自动气象站(K5130站)自2018年观测至今。各区域站站点信息如表1.1所示。

表1.1 吴兴区区域站站点信息

站名	乡镇名
幻娄	织里镇
新世纪	朝阳街道
埭溪	埭溪镇
濮娄	织里镇
妙西	妙西镇
梅峰	埭溪镇
乔溪	埭溪镇
八里店	八里店镇
东林	东林镇
织里	织里镇
道场	道场乡
二中	龙泉街道
飞英	飞英街道
文苑小学	月河街道
五星	妙西镇
山宕	埭溪镇
升山	八里店镇
梁希公园	道场乡
钱山下	道场乡
志和中学	康山街道
十二中	飞英街道
埭溪	埭溪镇
山宕	埭溪镇
东林	东林镇
大钱水闸	吴兴区

第2章 台风

我国是受台风影响最严重的国家之一，西北太平洋热带气旋和台风有近50%影响我国。台风灾害主要是在台风登陆前和登陆之后引起的。台风引起的灾害通常有狂风、暴雨、风暴潮等直接灾害及由暴雨引起的山体滑坡、泥石流等次生灾害。

本次台风灾害综合风险普查调查、确定了吴兴区影响台风事件，分析了影响台风的气象特征及其造成大风、暴雨的特征，评估了台风暴雨危险性、大风危险性及致灾因子危险性，结合承灾体暴露度、脆弱性，完成了针对人口和GDP的台风灾害风险评估与分区。

2.1 台风灾害调查方法及调查资料概述

2.1.1 调查方法

利用气象部门的台风定位信息、气象观测资料，结合天气学原理以及气象志记载、地方志记载、实地调研等手段开展湖州市吴兴区台风事件调查。具体方法如下。

2.1.1.1 影响台风事件确定方法

满足下列条件之一，挑选为湖州市吴兴区影响台风：a)代表站过程雨量大于等于25 mm或出现7级及以上台风过程极大风速；b)10%站点台风过程雨量大于等于50 mm或出现8级及以上台风过程极大风速；c)有灾情或影响记载。

2.1.1.2 经过湖州市吴兴区台风事件确定方法

将中国气象局上海台风研究所台风最佳路径资料(6 h一次定位信息)进行插值处理，结合GIS(地理信息系统)技术确定经过湖州市吴兴区的台风事件。

2.1.1.3 台风致灾因子(气象因子)识别及调查整理

整理2004年以来的湖州市吴兴区影响台风致灾因子信息，并进行分析调查核对。

2.1.1.4 开展GIS和RS(遥感)技术在台风孕灾环境和承灾体调查中的应用

台风孕灾环境主要考虑台风暴雨的孕灾环境，因子主要有地形、河网水系、地质灾害易发条件等，根据浙江省地标《暴雨过程危险性等级评估技术规范》(DB33/T 2025—2017)中的计算方法，利用GIS技术提取孕灾环境系数(陈海燕 等，2011)。

根据Yue et al.，(2014)提供的方法，利用GIS和RS技术提取吴兴区格点人口和GDP资料。

2.1.2　调查资料概述

共调查并收集2004—2020年湖州市吴兴区影响台风的个例23个，其中经过台风3个，信息包括台风名称、国际编号、中央台编号、影响开始时间、影响结束时间及影响湖州市吴兴区台风的生命史路径、强度等。

调查整理23个影响台风的气象致灾因子，信息包括台风过程雨量、过程最大日雨量、过程最大1 h雨量、过程最大3 h雨量、过程最大6 h雨量、过程最大12 h雨量、过程暴雨日数、过程最大风速、过程极大风速、过程大风日数。上述观测站资料序列为2004—2020年。

提取了湖州市吴兴区格点100 m的孕灾环境系数，信息包括地形因子影响系数、水系因子影响系数等。提取了湖州市吴兴区格点1 km的2010年GDP值(含第一、二、三产业)，并根据2020年的乡镇数据，采用数据修正方法，计算并分析了2020年的格点GDP数据。提取了湖州市吴兴区格点1 km的2020年人口数据。

2.2　影响台风基本气象特征

2.2.1　影响台风个数年月际变化特征

2004—2020年，吴兴区影响台风共23个(见图2.1)，年均1.35个。影响台风年际变化较大，最多每年3个(2005年、2008年、2015年、2018年)，2009—2014年，影响台风相对较少。每年5月和7—10月都可能有台风影响吴兴区，但主要在7—9月(见图2.2)，占影响台风总数的87.0%(20个)。影响时间最早的是0601号台风“珍珠”，影响时间为5月18日；影响时间最迟的是0716号台风“罗莎”，影响时间为10月7—9日。

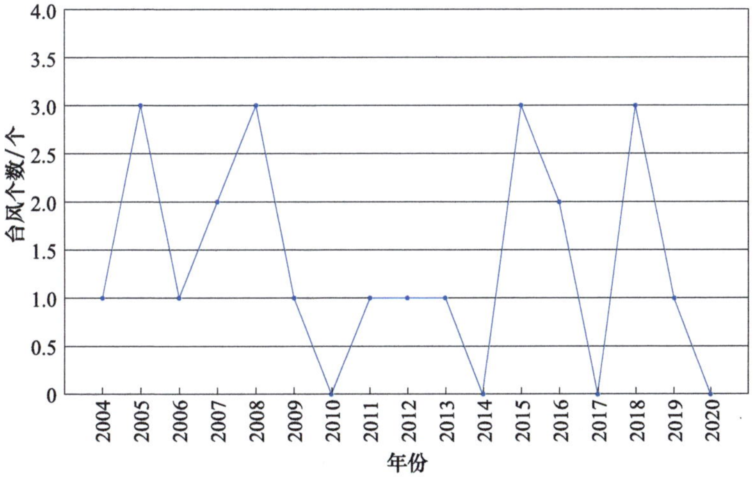

图2.1　2004—2020年影响台风个数年际变化特征图

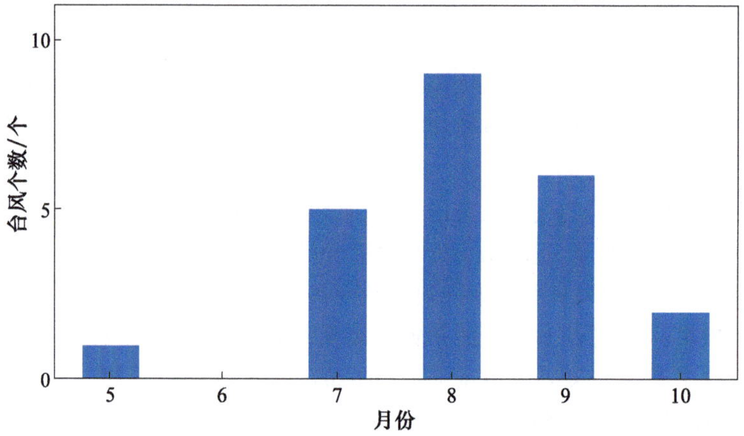

图 2.2　2004—2020 年影响台风个数月际变化特征图

2.2.2　经过本区域台风情况

1965 年以来经过本区域台风共 9 个(见图 2.3),其中 1909 号台风“利奇马”于 2019 年 8 月 10 日 13 时前后进入吴兴区境内。经过本区域台风平均强度 993 hPa,平均滞留时间 1 h 13 min,其中 9909 号台风滞留 3 h。

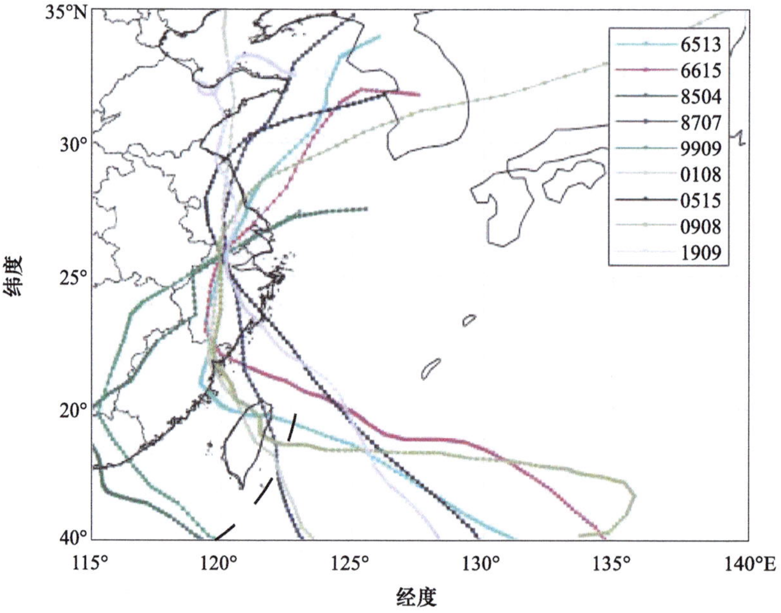

图 2.3　1965 年以来经过吴兴区台风路径图

2.2.3　台风暴雨基本特征分析

吴兴区年均台风过程雨量 160.0 mm(见图 2.4)，台风过程雨量最大年达 306.5 mm(2013 年台风“菲特”)。台风暴雨日年均 0.92 d(见图 2.5)。2013 年的暴雨日全部因 1323 号台风“菲特”所致(见图 2.6a，图 2.6b)。

2004 年以来，吴兴区国家观测站记录的台风过程雨量最大值为 306.5 mm(1323 号台风“菲特”所致)。从空间分布来看，吴兴区台风过程降雨量大值区主要在东北部一带(见图 2.7)，过程雨量极值超过 300 mm。南部和北部偏西地区相对较小，在 250 mm 以下。

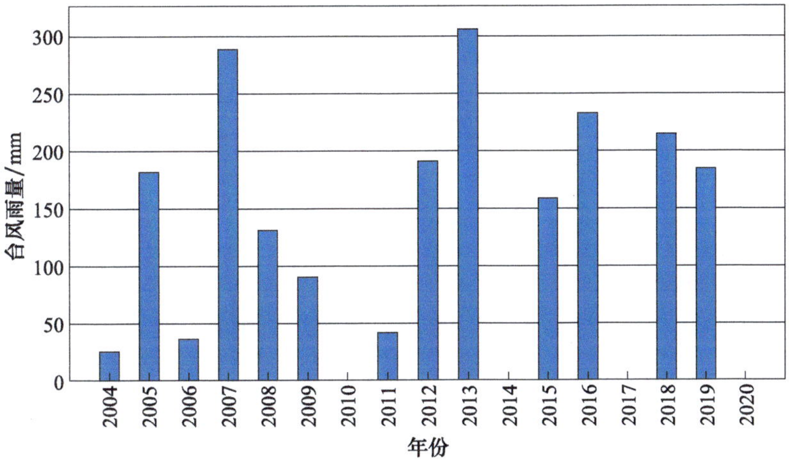

图 2.4　2004—2020 年台风雨量年际分布图

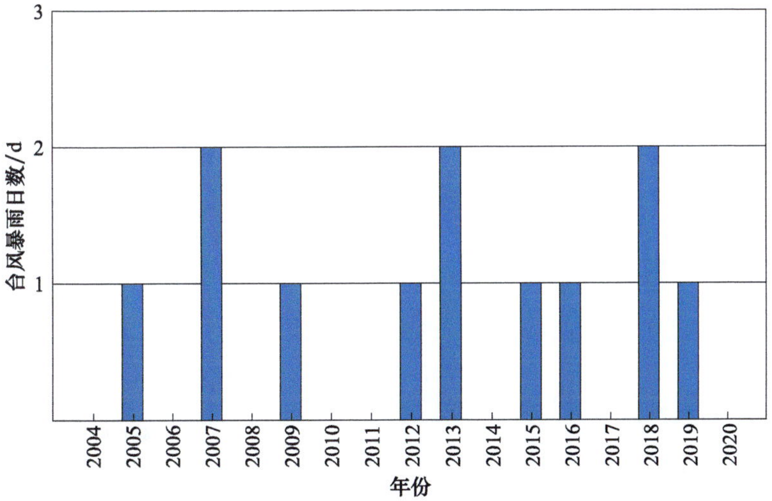

图 2.5　2004—2020 年台风暴雨日数年际分布图

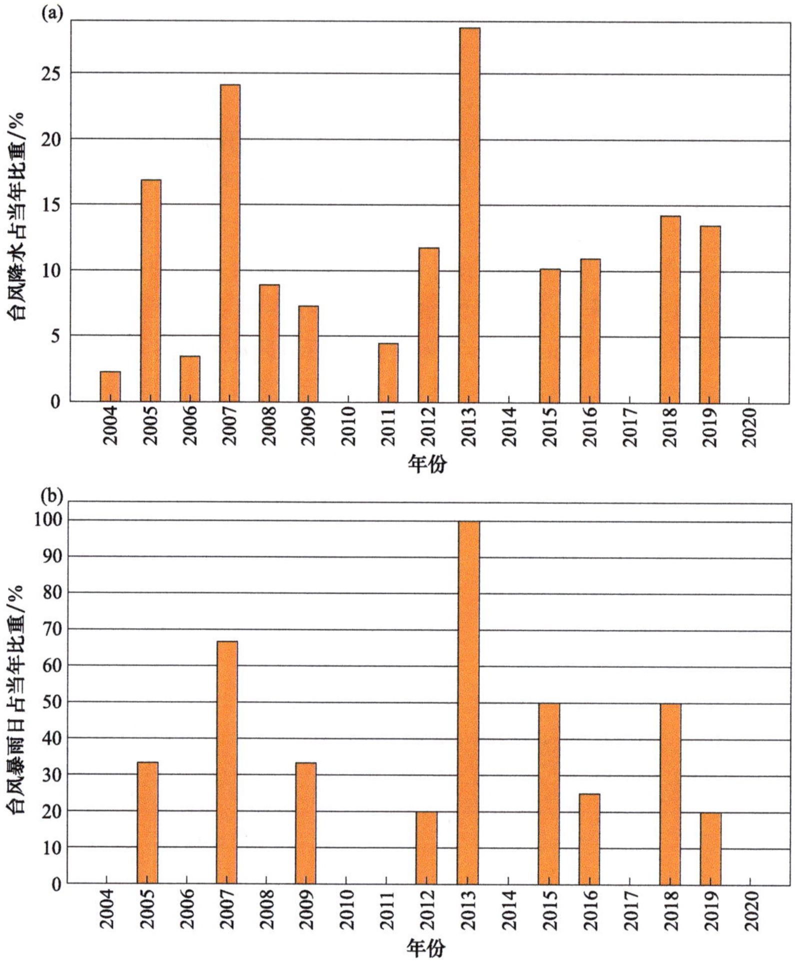

图 2.6　2004—2020 年台风降水(a)和暴雨日(b)占当年比重

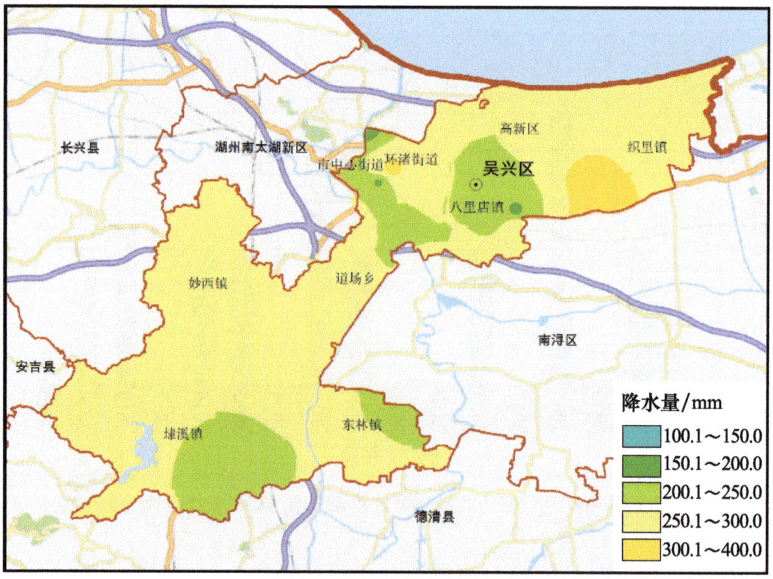

图 2.7　台风过程雨量极值分布图(2004—2020 年)

从吴兴区国家观测站来看，台风 1 h、3 h、6 h、12 h 最大降水量均为 1323 号台风带来，分别达到了 50 mm 以上、100 mm 以上、200 mm 以上、200 mm 以上。

从 2004 年以来的台风降水分布情况看，1 h(见图 2.8)、3 h(见图 2.9)、6 h(见图 2.10)最大降雨量均集中在南部埭溪镇附近，分别超过 50 mm、100 mm 和 150 mm。12 h 最大降雨量主要集中在西部地区(见图 2.11)，而日极值(见图 2.12)、过程雨量极值分布则比较均匀。

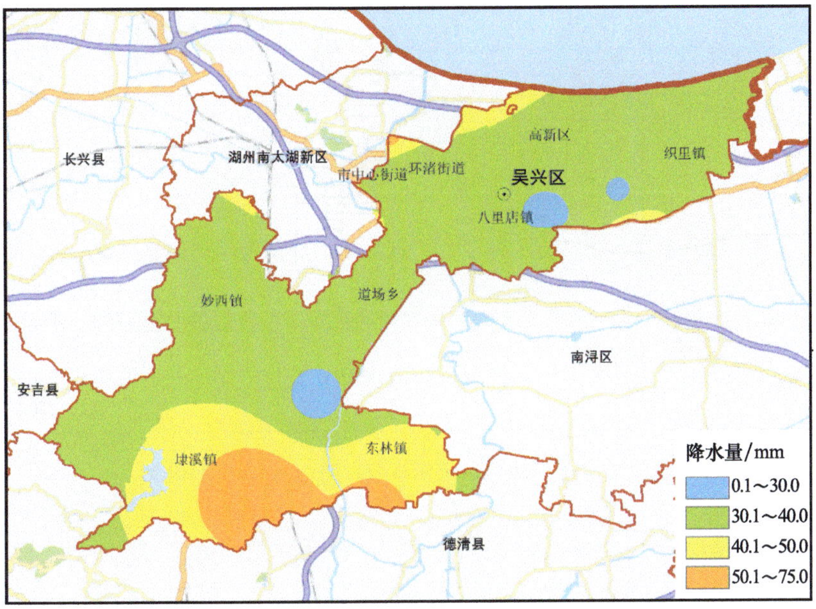

图 2.8　台风 1 h 最大雨量分布图(2004—2020 年)

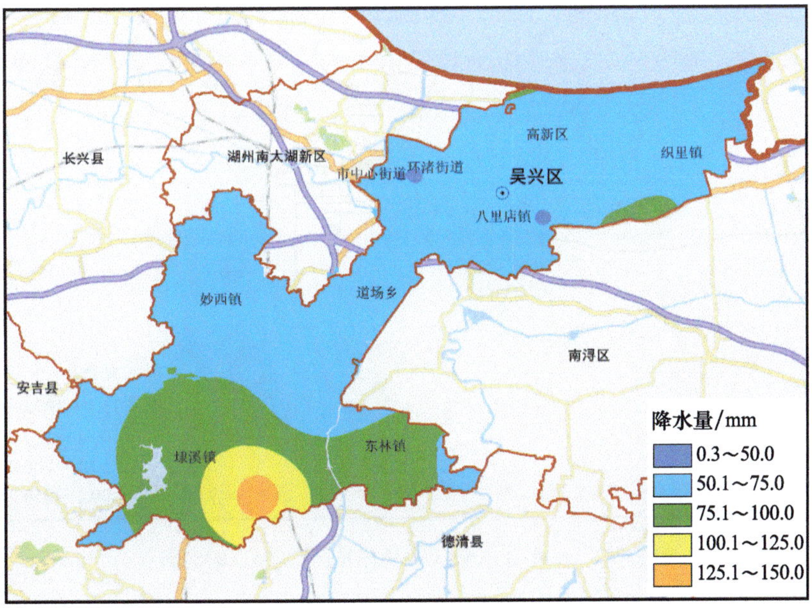

图 2.9　台风 3 h 最大雨量分布图(2004—2020 年)

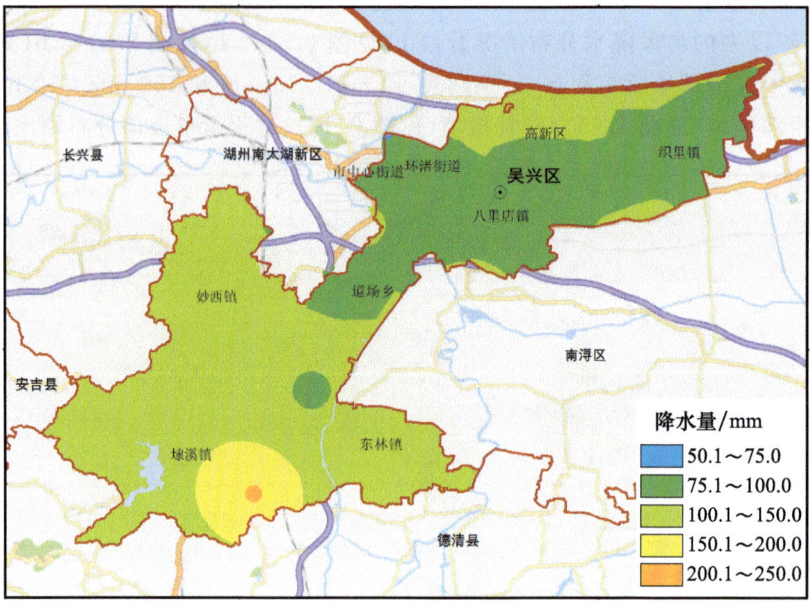

图 2.10　台风 6 h 最大雨量分布图(2004—2020 年)

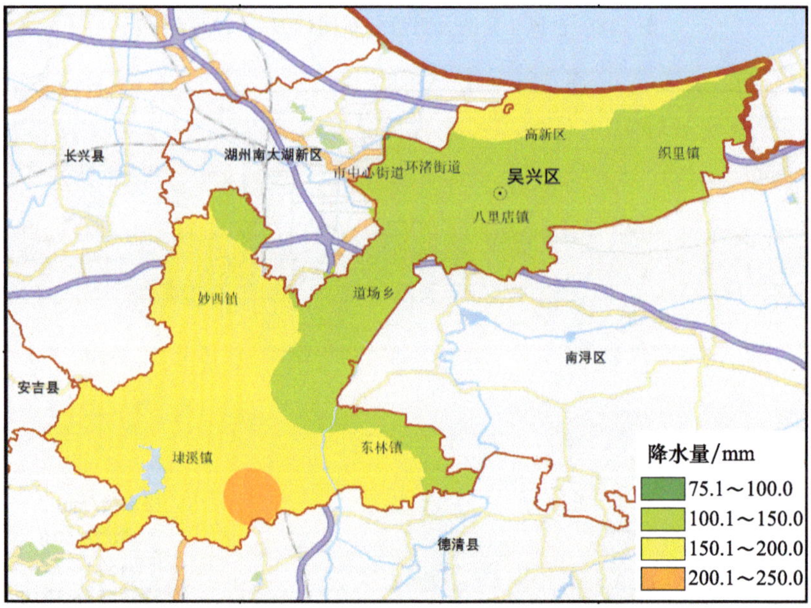

图 2.11　台风 12 h 最大雨量分布图(2004—2020 年)

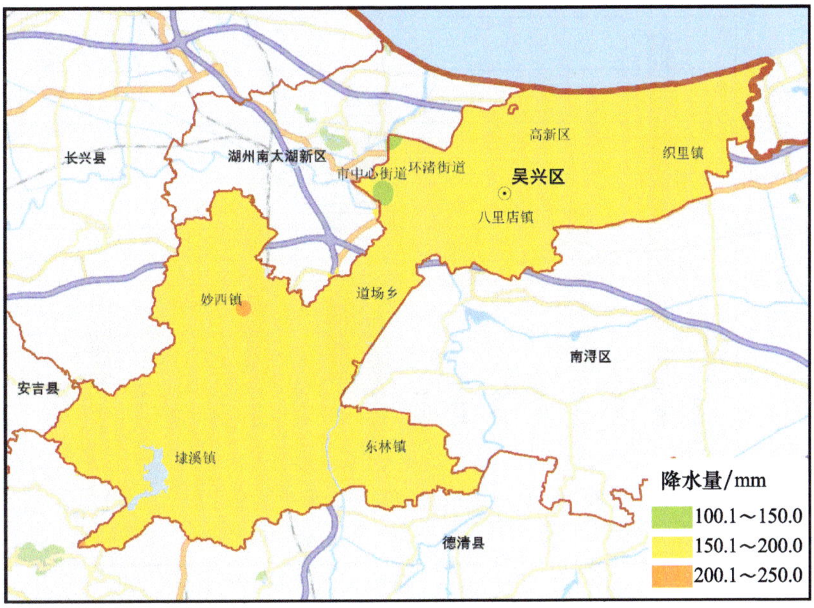

图 2.12　台风日雨量极值分布图(2004—2020 年)

2.2.4　台风大风基本特征分析

吴兴区位于太湖南侧，从自动气象观测站和观测站记录来看，过程最大风力由 2012 年第 11 号台风“海葵”带来，达 7 级(15.6 m・s^{-1})。年均台风大风日 0.71 d(见图 2.13)，占常年年均大风日(4.59 d)15.5%(见图 2.14)。台风大风日最多年为 2005 年，共 4 d，占当年大风日的 66.7%；无台风大风日共有 10 年，占统计年份的 58.8%。

从过程极大风极值分布图(见图 2.15)可以看出，西部和东北部地区的极值较大，极大风力在 9 级。最高风速为八里店 24.5 m・s^{-1}(2012 年第 11 号台风“海葵”带来)。

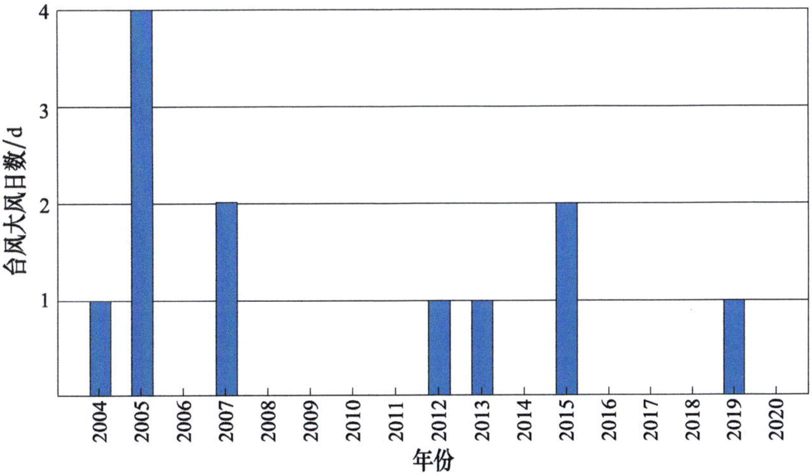

图 2.13　2004—2020 年台风大风日年际变化图

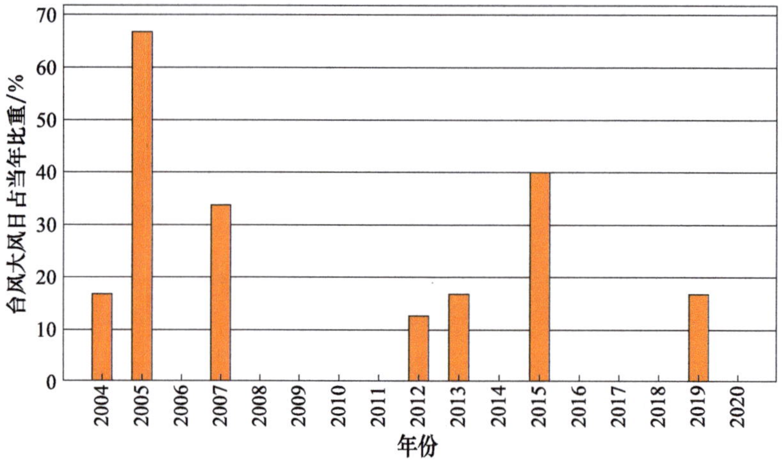

图 2.14 台风大风日占常年比重年际变化图

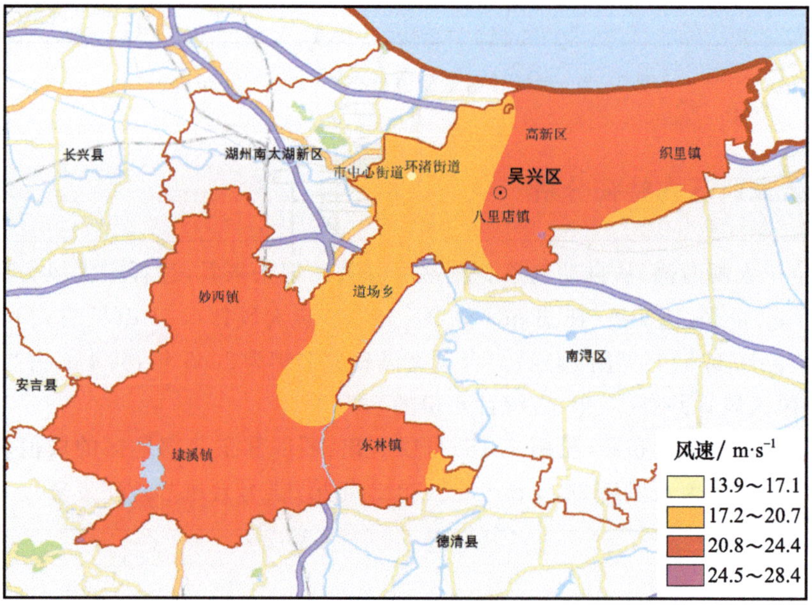

图 2.15 台风过程极大风速极值分布图(2004—2020 年)

2.3 台风致灾危险性评估与分区

2.3.1 方法概述

台风暴雨危险性考虑因子为台风过程雨量、过程 1 h 最大雨量、过程 3 h 最大雨量、过程 6 h 最大雨量以及过程暴雨日;台风大风危险性主要考虑台风过程极大风速及地域等因素;台风致灾因子危险性综合考虑台风暴雨危险性及孕灾环境、台风大风危险性(周福 等,2012)。具体如下。

2.3.2 台风暴雨危险性评估与分区

评估和分区方法及步骤如下：

(1)计算每个台风的暴雨强度指数

$$I_r = a \times \frac{R_{all}}{100} + b \times \max\left(\frac{R_3}{20}, \frac{R_{12}}{30}, \frac{R_{24}}{50}\right) + c \times R_d \quad (2.1)$$

式中：I_r 为台风暴雨强度指数；R_{all}为台风过程降雨量，单位为毫米(mm)；max()为取最大值函数(表征降雨强度)，R_3、R_{12}、R_{24}分别为 3 h、12 h、24 h 最大雨量，单位为毫米(mm)；R_d为台风影响过程的暴雨日数，单位为天(d)。a、b、c 为常数，按照规范要求需要根据雨影响为主的台风个例与灾情建立数学关系获取。由于目前灾情资料欠缺，采用全省通用系数，a、b、c 分别取 0.38、0.30、0.32。

(2)确定暴雨强度等级指标

分析历史以雨为主的台风个例暴雨强度指数与相对应灾情(数据缺失，用省级研究成果加以经验修正)，将暴雨强度指数划分为 5 个等级。具体指标如表 2.1。

表 2.1 台风暴雨强度评估指标

暴雨强度	5 级	4 级	3 级	2 级	1 级
指标	[0.3,0.8)	[0.8,1.3)	[1.3,1.9)	[1.9,2.9)	≥1.9

根据影响分析，暴雨强度指数在 0.3 以下几乎没有致灾风险，5 级轻度影响，4 级中度影响，3 级较重影响，2 级严重影响，1 级特重影响。

(3)台风暴雨危险性分区

危险性分区考虑台风暴雨及孕灾环境，计算数据为 2004 年以来每个乡镇的台风暴雨资料。

暴雨强度修正系数公式如下：

$$I'_r = (1 + I'_e) I_r \quad (2.2)$$

式中，I'_r 为台风暴雨强度修正指数，I'_e 为暴雨孕灾环境影响系数，I_r 为台风暴雨强度指数。

根据上述公式算出的每个乡镇每个台风暴雨强度修正系数按照表 2.1 指标划分等级，然后使用加权平均法计算每个乡镇的暴雨危险性分区指数。台风暴雨危险性分区指数公式如下：

$$I_{(r)z} = \sum w_k m_k (k = 1,2,3,4,5) \quad (2.3)$$

式中，$I_{(r)z}$表示某地台风暴雨危险性分区指数，w_k 为 $k(1,2,3,4,5)$级台风暴雨等级的权重系数，m_k 为某地 $k(1,2,3,4,5)$级台风暴雨出现频率。权重系数具体见表 2.2。

表 2.2 等级权重系数(暴雨强度、大风强度、风雨综合强度均适用)

强度等级	1 级	2 级	3 级	4 级	5 级
权重	0.50	0.24	0.14	0.08	0.04

台风暴雨危险性分区采用阈值法，分为“高危险区、较高危险区、较低危险区、低危险区”，

为相对概念。从图 2.16 可知，吴兴区台风暴雨危险性东北部和西南部较高，中部地区相对较低。

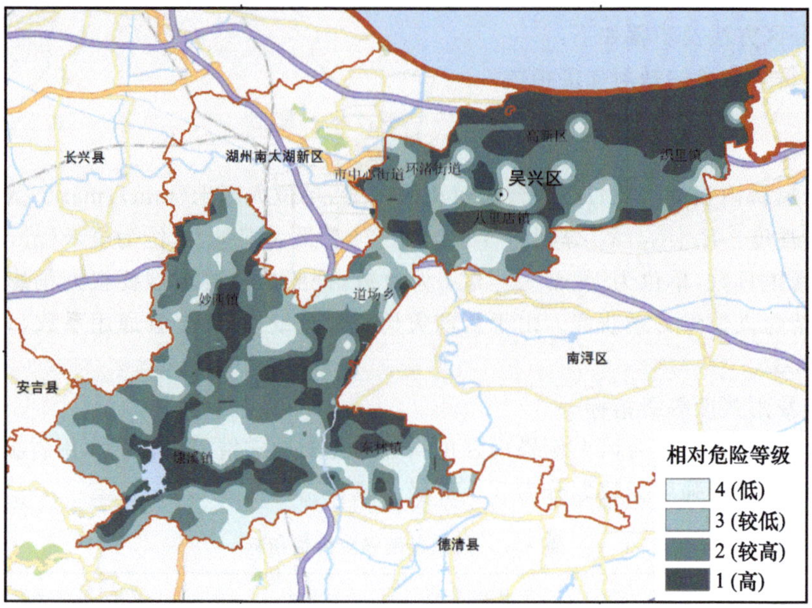

图 2.16　台风暴雨危险性分区

2.3.3　台风大风危险性评估与分区

台风大风强度指数计算方法如下式所示：

$$\begin{cases} I_f = 0 & f < 13.6 \\ I_f = \left(\dfrac{f-13.6}{3.8}\right)^c & f \geqslant 13.6 \end{cases} \tag{2.4}$$

式中，I_f 为台风大风强度指数，f 为台风过程极大风速，c 为常数，取 0.6～0.8，吴兴区取 0.6。

分析历史以风为主的台风个例大风强度指数与灾情（数据缺失，根据经验确定），将大风影响强度等级划分为 5 个等级（见表 2.3）。

表 2.3　大风强度等级评估指标

强度等级	5 级	4 级	3 级	2 级	1 级
指标	[0.0,0.9)	[0.9,1.5)	[1.5,1.9)	[1.9,2.5)	≥1.9

吴兴区国家观测站资料从 2004 年开始，有缺测数据，参与分析个例为 23 个台风。分区指数计算方法及各等级权重同台风暴雨，具体见式（2.3）和表 2.3。

台风大风危险性分区采用阈值法，总体来看（见图 2.17），东北部大风危险性高于中部和西部地区，八里店镇、高新区、织里镇等地危险性相对更高。

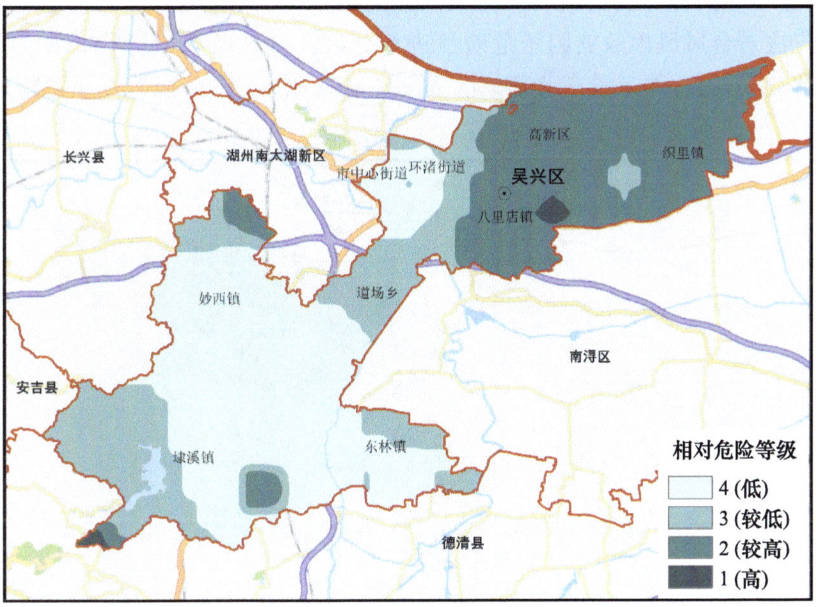

图 2.17 台风大风危险性分区

2.3.4 台风致灾因子(风雨综合)危险性区划

2.3.4.1 方法及步骤

台风致灾因子危险性综合考虑台风暴雨、大风及孕灾环境因子。

(1)计算每个台风的风雨综合指数

计算方法如下：

$$I = \mathrm{a}\, I_r + \mathrm{b}\, I_f \tag{2.5}$$

式中，I 为台风风雨综合指数，I_r 为台风暴雨强度指数，I_f 为台风大风强度指数。a 和 b 是常数，需要通过灾情分析建立数学方法获得，目前采用省级研究成果，a 和 b 分别取 0.49 和 0.51。

(2)确定风雨综合强度等级指标

由于缺少灾情资料，故用经验确定等级区间，5 个等级的评估指标见表 2.4。

表 2.4 台风风雨综合强度评估指标

风雨综合强度	5 级	4 级	3 级	2 级	1 级
指标	[0.3,0.7)	[0.7,1.1)	[1.1,1.4)	[1.4,1.7)	≥1.7

2.3.4.2 致灾危险性分区

台风致灾危险性考虑风雨综合指数和孕灾环境系数。

首先，计算风雨分区指数，计算方法及各等级权重同台风暴雨，具体见式(2.6)和表 2.4。

其次，计算风雨危险性分区指数，计算方法如下：

$$I'_{(rf)z} = (1 + I'_e)\, I_{rf} \tag{2.6}$$

式中，$I'_{(rf)z}$为致灾危险性分区指数，$I_{(r)z}$为风雨分区指数，I'_{e}为暴雨孕灾环境影响系数。

采用阈值法对台风风雨致灾因子危险性进行分区。分区结果（见图 2.18）可知区域内危险性等级差异较大，但总体来看东北部地区危险性最高，水网密布地区（埭溪镇附近）危险性相对较高。

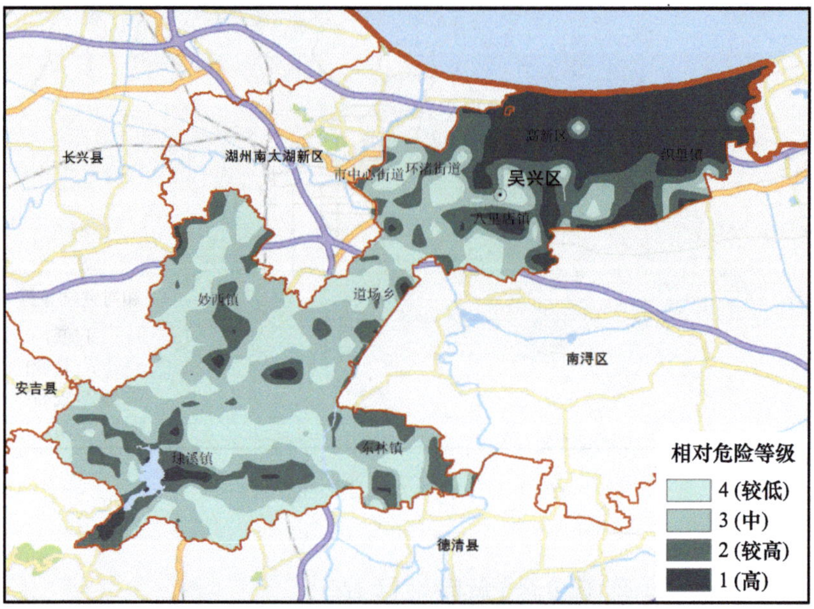

图 2.18 台风致灾因子（风雨综合）危险性区划

2.4 承灾体暴露度评估

承灾体暴露度是指承灾体在有可能受到不利影响的位置，是灾害影响的最大范围，主要包括人口和社会经济（杨续超 等，2013；Yang et al.，2013；Stevens et al.，2015；Gaughan et al.，2016；Yang et al.，2019a，2019b；Ye et al.，2019），具体如下：

2.4.1 人口暴露度评估

（1）人口暴露度调查及资料处理

本研究所需资料如下：

统计资料：人口普查数据来源于统计数据网第七次人口普查；

卫星遥感数据和地理空间大数据："珞珈一号"遥感夜间灯光数据，植被指数数据，DEM（数字高程模型）数据，路网数据，兴趣点（POI）数据。

（2）人口暴露度模拟

人口暴露度模拟中，通过机器学习算法，将"珞珈一号"遥感夜间灯光数据，植被指数数据，DEM 数据，路网数据，兴趣点（POI）数据这五大类卫星遥感数据和地理空间大数据作为解释变量，人口普查数据作为响应变量，预测得到权重层。然后通过分区密度制图使人口空间化数据细化至传统人口普查区域内部。

(3)人口暴露度等级划分

依据人口暴露度评估结果,结合行政单元对人口暴露度评估结果进行空间划分。依据风险评估模型评估结果,可采用自然断点法、标准差分类法或者其他分级方法,将人口暴露度等级划分为 5 个等级。

表 2.5 基于标准差分类法的人口暴露度等级划分表

标准差范围	暴露度等级
$R<\text{ave}-\sigma$	低等级
$\text{ave}-\sigma\leqslant R<\text{ave}-0.5\sigma$	较低等级
$\text{ave}-0.5\sigma\leqslant R<\text{ave}+0.5\sigma$	中等级
$\text{ave}+0.5\sigma\leqslant R<\text{ave}+\sigma$	较高等级
$R\geqslant\text{ave}+\sigma$	高等级

表 2.5 中,R 为暴露度指标值,ave 为区域内非 0 暴露度指标值均值,σ 为区域内非 0 暴露度指标值标准差。各地可根据区域实际数据分布特征,对上述分级标准进行适当调整。

2.4.2 经济(GDP)暴露度评估

(1)GDP 暴露度调查及资料处理

本研究所需资料如下:

统计资料:GDP 统计数据来自于浙江省统计年鉴;

卫星遥感数据和地理空间大数据:"珞珈一号"遥感夜间灯光数据,植被指数数据,DEM 数据,净初级生产力数据,地表温度数据,地表覆盖数据,路网数据,兴趣点(POI)数据。

(2)GDP 暴露度模拟

GDP 暴露度模拟中,通过机器学习算法,将"珞珈一号"遥感夜间灯光数据,植被指数数据,DEM 数据,净初级生产力数据,地表温度数据,地表覆盖数据,路网数据,兴趣点(POI)数据这八大类卫星遥感数据和地理空间大数据作为解释变量,GDP 普查数据作为响应变量,预测得到权重层。然后通过分区密度制图使 GDP 空间化数据细化至传统 GDP 普查区域内部。

(3)GDP 暴露度等级划分

依据 GDP 暴露度评估结果,结合行政单元对 GDP 暴露度评估结果进行空间划分。依据风险评估模型评估结果,可采用自然断点法、标准差分类法或者其他分级方法,将 GDP 暴露度等级划分为 5 个等级(表 2.6)。

表 2.6 基于标准差分类法的 GDP 暴露度等级划分表

标准差范围	暴露度等级
$R<\text{ave}-\sigma$	低等级
$\text{ave}-\sigma\leqslant R<\text{ave}-0.5\sigma$	较低等级

续表

标准差范围	暴露度等级
ave－0.5$\sigma \leqslant R <$ ave＋0.5σ	中等级
ave＋0.5$\sigma \leqslant R <$ ave＋σ	较高等级
$R \geqslant$ ave＋σ	高等级

表 2.6 中，R 为暴露度指标值，ave 为区域内非 0 暴露度指标值均值，σ 为区域内非 0 暴露度指标值标准差。各地可根据区域实际数据分布特征，对上述分级标准进行适当调整。

2.5 承灾体脆弱性评估

台风灾害承灾体脆弱性评估工作视灾情组提供的信息项作遴选后开展。根据承灾体类型(金有杰 等，2014)，台风灾害承灾体脆弱性分为台风灾害人口脆弱性(Vp)和台风灾害经济脆弱性(Ve)。

台风灾害人口脆弱性评估可采用评估范围内各县或各乡镇 14 岁以下及 60 岁以上老人占总人口的比重(抚养比，X_1)、女性人口与总人口的比值(性别比，X_2)和人均 GDP(X_3)作为评估指标。将上述数据归一化处理后，利用层次分析的方法确定各指标权重，计算得到台风灾害人口脆弱性指标，公式如下：

$$Vp = aX_1 + bX_2 + CX_3 \quad (2.7)$$

式中，Vp 为台风灾害人口脆弱性；X_1、X_2 和 X_3 分别为抚养比、性别比和人均 GDP；a、b、c 分别为层次分析法确定的系数。

台风灾害经济脆弱性包含第一产业、第二产业和第三产业，且台风在对第一产业造成的损失很大程度上来源于种植业，近似以研究区内种植业量与 GDP 的比值来表征第一产业经济脆弱性；假设灾害对第二、三产业的影响主要来源于对劳动力主体的直接或间接影响产生，近似以该地区标准化人口密度来表征第二、三产业经济脆弱性。公式如下：

$$V_{GDP} = \alpha\ SV_{GDP1} + \beta\ SV_{GDP23} \quad (2.8)$$

$$V_{GDP1} = GDP_{farm} / GDP \quad (2.9)$$

$$V_{GDP23} = S_{POP} \quad (2.10)$$

式中，V_{GDP}为经济综合脆弱性指数，V_{GDP1} 和 V_{GDP23} 分别为第一产业脆弱性、第二三产业脆弱性，SV_{GDP1} 和 SV_{GDP23} 分别为归一化后的第一产业脆弱性、第二三产业脆弱性，α 和 β 分别为第一产业、第二三产业脆弱性的权重，参考权重分别为 0.6 和 0.4。GDP_{farm} 为种植业生产总值，GDP 为该地区生产总值，S_{POP} 为标准化人口密度。该指数计算之后进行标准化处理，值域为 0～1。

最后得到研究区台风灾害承灾体脆弱性指数 QV，利用自然断点法将值大小划分为高脆弱性、较高脆弱性、中脆弱性、较低脆弱性、低脆弱性 5 个等级。

2.6 台风灾害风险评估与分区

2.6.1 方法概述

台风灾害风险评估方法遵循原则：风险是致灾因子危险性与承灾体暴露度、脆弱性共同作用的结果。评估方法以全国气象灾害综合风险普查技术规范《台风灾害风险评估》和相关文献资料(王国华 等,2013)为基础,根据吴兴区情况略做修正,具体方法如下:

$$R = H \times B \tag{2.11}$$

$$B = E \times (W \times V) \tag{2.12}$$

其中,R 为承灾体的风险指标,H 为致灾因子危险性指标,B 为承灾体指标,E 为暴露度,V 为脆弱性,W 为脆弱性权重。

台风致灾因子危险性上节已详细介绍,本节不再重复。根据吴兴区承灾体收集部门收集的资料,本章针对人口和 GDP 进行风险评估,继而进行风险分区。

2.6.2 台风灾害人口风险评估与风险等级分区

人口密度过大对资源环境的压力就大,台风灾害风险就高;人口结构对台风系统的脆弱性也会产生影响,老弱妇孺、人口文化程度偏低、主动防灾抗灾能力较差等都将激发台风灾害的脆弱性。

根据式(2.8)计算得到格点风险指数,再用自然断点法得到图 2.19 的风险等级分区结果。据图 2.19 可知,台风致灾危险性高、人口密集、老弱妇孺比重大的地方,台风灾害风险就高,风险最高区域主要集中在市中心街道、环渚街道、八里店镇等地。

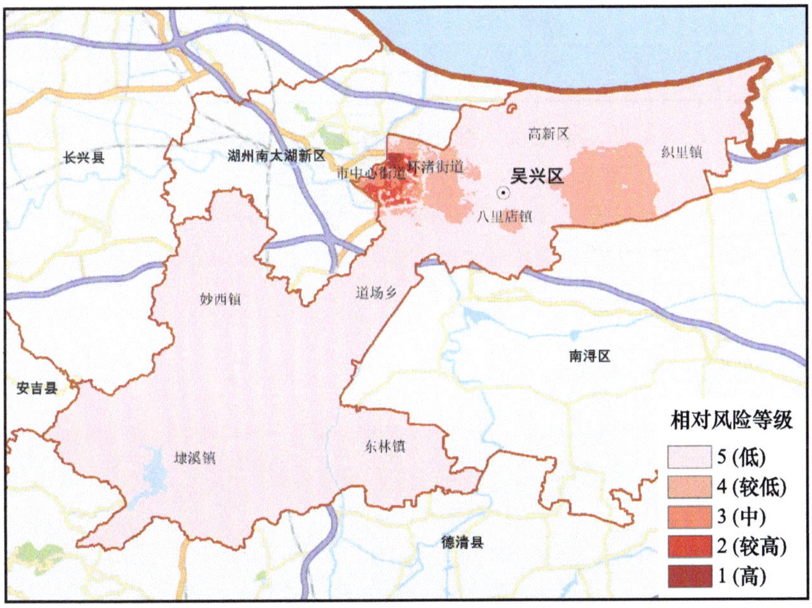

图 2.19 台风灾害人口风险分区

2.6.3 台风灾害 GDP 风险评估与分区

单位面积的产值不同,遭受同等强度的台风灾害侵袭时,其绝对损失量就大,第一产业脆弱性最高,其次为第三产业。

针对 GDP 的台风灾害风险主要考虑台风致灾因子危险性、GDP 暴露度和脆弱性，其中地均 GDP 表征 GDP 暴露度因子，第一产业占比表征 GDP 的脆弱性因子。根据式(2.8)计算得到格点风险指数，再用自然断点法得到图 2.20 的分区结果。据图 2.20 可知，台风致灾危险性高、经济发达、种植业比重大的乡镇，台风灾害风险高，风险最高区域主要集中在市中心街道、环渚街道、八里店镇高新区和织里镇等地。

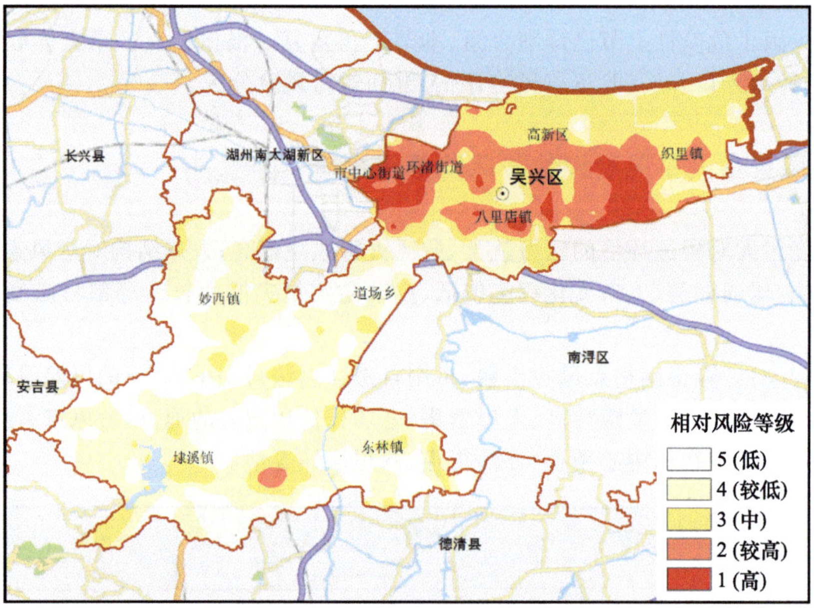

图 2.20　台风灾害 GDP 风险分区

第3章 暴 雨

暴雨是引起流域洪水、山洪、农田渍涝、城市内涝及滑坡泥石流等次生灾害的主要因素，暴雨对社会、经济的各个方面均有重大影响。

本次湖州吴兴区暴雨灾害调查与风险评估区划综合考虑暴雨灾害致灾因子危险性、承灾体暴露度和承灾体脆弱性等因素。本次普查工作的内容包括暴雨灾害调查及资料处理、暴雨致灾因子危险性评估、暴雨风险评估区划成果制图及报告编制。

3.1 调查资料及方法

3.1.1 暴雨普查资料

暴雨调查数据类完成情况：根据中国气象局暴雨灾害调查与风险评估技术规范（灾害调查类），对吴兴辖区内气象站自1961—2020年暴雨致灾相关气象数据进行普查和核实，经过地市、省和国家三级审核，最终获取到吴兴区气象台站暴雨观测数据，涵盖了国家气象站情况（附表3.1）、单站雨季降水量多年平均值调查表（附表3.2）、单站历年暴雨、大暴雨日数调查表（附表3.3和附表3.4）、单站不同重现期不同日数最大降水量调查表（附表3.5）、单站不同重现期不同历时最大降水量调查表（附表3.6）以及单站暴雨过程调查表（附表3.7）等详细信息。

（1）气象数据：包括湖州吴兴区内所有气象站点资料和CLDAS多源融合实况格点降水资料。基于1961年以来吴兴区气象站和区域自动站小时和日降水资料针对暴雨灾种进行加工提取处理，资料来源于浙江省气象局；格点降水资料为1998—2020年期间的CLDAS多源融合降水实况再分析格点资料，数据来源于国家气象信息中心。

（2）灾情数据：来源于应急部门收集的灾情数据。

（3）其他：基础地理信息、社会经济数据等详见附录。

3.1.2 技术方法

3.1.2.1 暴雨相关术语及定义

降雨过程：受天气系统影响，从降雨开始到结束的全过程，期间日降雨量（20时—20时）需大于等于0.1 mm。

过程降雨量:降雨过程的累积降雨量。

单站暴雨日:一般情况下,以单个国家级气象观测站 24 h 内降雨量≥50 mm 的降雨日为单站暴雨日。根据中华人民共和国国家标准《降水量等级》(GB/T 28592—2012)中的定义:一般把气象站点雨量观测 24 h 累积降水在 50.0～99.9 mm 称为一个暴雨日;24 h 累积降水在 100.0～249.9 mm 称为一个大暴雨日;24 h 累积降水≥250 mm 的称为特大暴雨。此外,也可将 24 h 降水量≥50 mm 统称为一个暴雨日(表 3.1)。

表 3.1 不同时段的降雨量等级划分表 (单位:mm)

等级	时段降雨量	
	12 h 降雨量	24 h 降雨量
微量降雨(零星小雨)	<0.1	<0.1
小雨	0.1～4.9	0.1～9.9
中雨	5.0～14.9	10.0～24.9
大雨	15.0～29.9	25.0～49.9
暴雨	30.1～69.9	50.0～99.9
大暴雨	70.0～139.9	100.0～249.9
特大暴雨	≥140.0	≥250.0

单站暴雨过程:单站暴雨日持续天数≥1 d 的或者中断日有中到大雨,且前后均为暴雨日的降水过程。

暴雨过程开始日/结束日:暴雨过程首个/最后一个暴雨日。

3.1.2.2 暴雨致灾因子指标确定

根据暴雨灾害致灾特征,一般认为一个地区的暴雨雨涝指数(反映暴雨综合强度的指数)是暴雨频次和强度叠加的综合表现。为了体现该区域暴雨雨涝指数的总体空间分布特征的同时,刻画出历史上站点观测到极端降水事件的影响,在引入 1998—2020 年中国气象局 CLDAS 驱动场降水再分析格点数据,通过对其统计①年均暴雨日数、②年均短时强降水频次(1 h≥20 mm)、③在年均降水量的基础上,同时考虑了当地所有气象站(国家站+区域自动站)的情况、④小时降水极值、⑤日降水极值以及⑥暴雨过程最大降水等共 6 个暴雨致灾因子。其中④小时降水极值、⑤日降水极值以及⑥暴雨过程最大降水这 3 个暴雨致灾因子数据都源于项目前期暴雨历史致灾因子调查汇交表(见附录 3)。

通过查阅文献(陈海燕 等,2013;龚伟伟,2014;孙帅,2018;周月华 等,2019)以及专家打分等方式,最终确定并赋值各项的权重(表 3.2),并通过在 ArcGIS 中的空间插值和重采样方式将上述 6 个致灾因子统一处理为 CGCS2000 地理坐标系下 0.001°分辨率。在对其进行归一化计算的基础上,分别乘以权重系数,并通过相加最终计算获得该地区每个栅格上的暴雨雨涝指数。

表 3.2 暴雨致灾因子及权重系数

序号	致灾因子	数据源	起止时间	权重系数
1	年平均暴雨日数	CLDAS	1998—2020 年	0.2
2	年平均短时强降水频次	CLDAS	1998—2020 年	0.3
3	年平均降水	CLDAS	1998—2020 年	0.1

续表

序号	致灾因子	数据源	起止时间	权重系数
4	小时降水极值	站点	建站以来	0.15
5	日降水极值	站点	建站以来	0.15
6	暴雨过程最大降水	站点	建站以来	0.10

3.1.2.3 指标数据归一化

归一化是将有量纲的数值经过变换，化为无量纲的数值，进而消除各指标的量纲差异。计算公式为：

$$x'=\frac{x-x_{\min}}{x_{\max}-x_{\min}} \tag{3.1}$$

式中，x'为归一化后的数据，x 为样本数据，$x_{\min}$为样本数据中的最小值，$x_{\max}$为样本数据中的最大值。

3.1.2.4 专家打分法

专家打分法也称为德尔菲法(Delphi)，是指通过匿名方式征询有关专家的意见，对专家意见进行统计、处理、分析和归纳，客观地综合多数专家经验与主观判断，对大量难以采用技术方法进行定量分析的因素做出合理估算，经过多轮意见征询、反馈和调整后，来确定各因子的权重系数。该方法确定的权重系数能较好地反映出实际情况下各致灾因子在灾害形成过程的作用，但存在一定的主观因素。

3.1.2.5 自然断点法

自然断点法是一种地图分级算法。该算法认为数据本身有断点，可利用数据这一特点进行分级。算法原理是一个小聚类，聚类结束条件是组间方差最大、组内方差最小。计算方法见下式：

$$\mathrm{SSD}_{i-j}=\sum\nolimits_{k=1}^{j}A[k]^2-\frac{\left(\sum\nolimits_{k=1}^{j}A[k]\right)^2}{j-i+1}\quad(1\leqslant i<j\leqslant N) \tag{3.2}$$

式中：SSD 为方差；i、j 为第 i、j 个元素；A 为长度为 N 的数组；k 为 i、j 中间的数，表示 A 组中的第 k 个元素。

3.2 致灾危险性调查与评估

3.2.1 基本气象特征分析

3.2.1.1 雨季降水量的月际变化

雨季一般指 3—10 月，多年平均值是指 1991—2020 年 30 年平均值。吴兴区代表气象站(站号：K5130)由于建站较晚，降水量观测序列较短，故暴雨、大暴雨日数、降水量统计数据参考南太湖新区国家气象站(站号：58450)的资料。吴兴区降水量月际变化呈现中间高两头低的特点(见图 3.1)，降水量集中在夏季。6 月降水量最多，降水量约为 200.0 mm；10 月最少，约为78.1 mm；以 6 月为界点，3—6 月，降水量呈现为增长趋势，于 6 月降水量达到最高值，为 200.0 mm，主要是由于夏季台风、梅雨、午后强对流降水；6—10 月吴兴区各月平均降水呈现出减少趋势，10 月降水量仅 78.1 mm，主要受副热带高压影响。

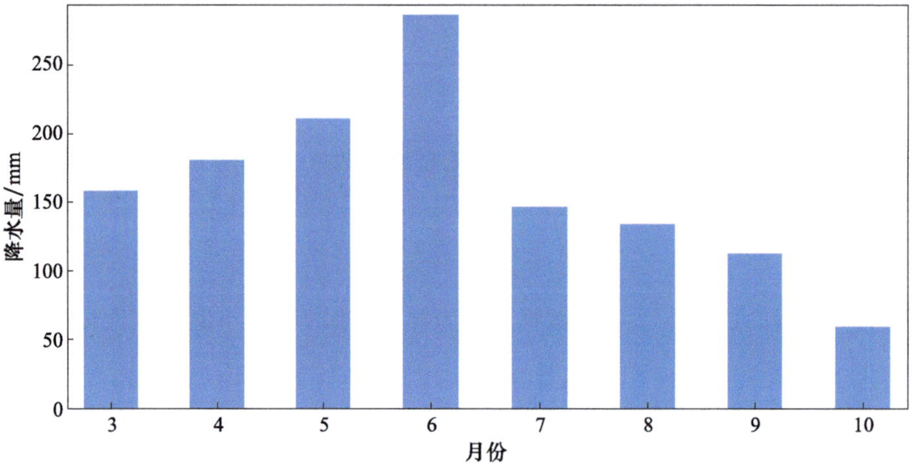

图 3.1　1961—2020 年南太湖新区国家气象站(58450)暴雨降水量月际变化图

3.2.1.2　暴雨日数的年际变化

分析历年暴雨日数年际变化图(见图 3.2)，1961 年以来历年暴雨日数为 1～9 d。其中 1999 年发生日数最多，达到 9 d；1993 年次之，为 8 d；2000 年、2002 年、2004 年、2006 年以及 2011 年发生暴雨日数较少，为 1 d；1991—2020 年吴兴区平均暴雨日数(含台风过程)为 3 天。

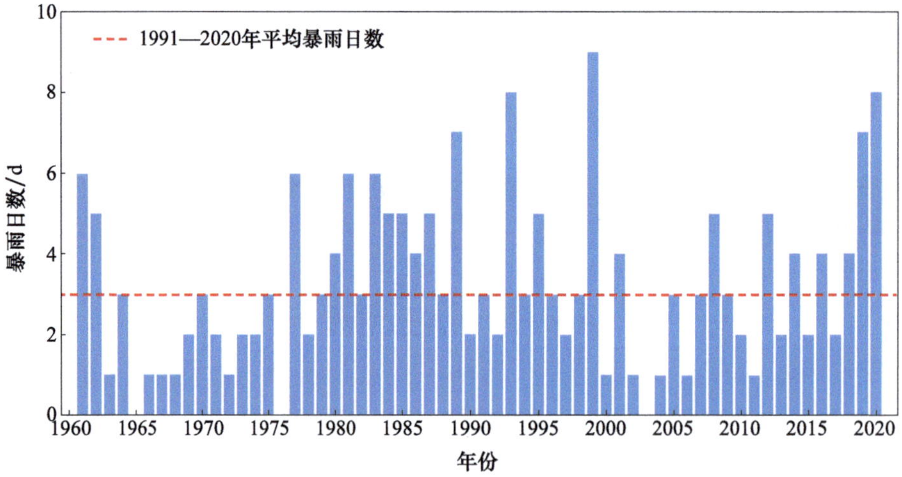

图 3.2　1961—2020 年南太湖新区国家气象站(58450)历年暴雨日数变化图

大暴雨日数年际变化吴兴区 1961 年以来大暴雨日数分布在 0～2 d，其中共计 18 年曾发生大暴雨，1962 年、1983 年大暴雨持续日数最多，为 2 d，其余年份持续日数均为 1 d(见图 3.3)。

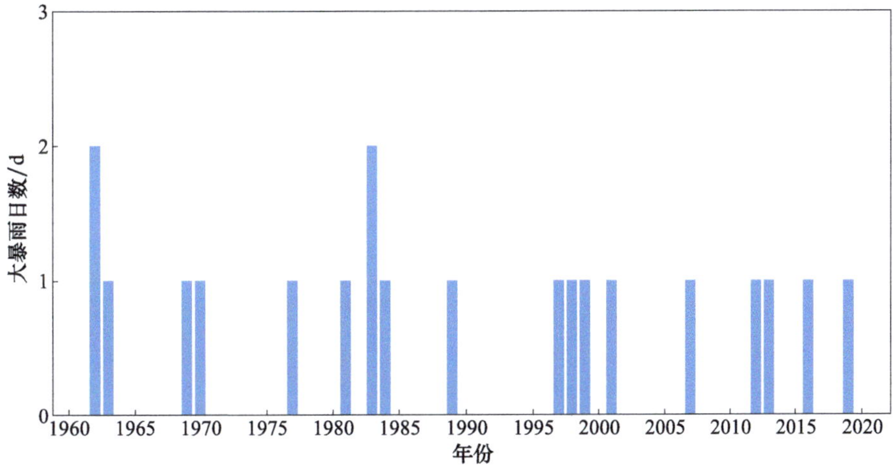

图 3.3 1961—2020 年南太湖新区国家气象站历年大暴雨日数变化图

3.2.1.3 暴雨日数和过程个数的月际变化

根据历年暴雨日数(1978—2020 年)调查表统计表明(见图 3.4),受梅汛期暴雨影响,吴兴区近 80%的暴雨发生在 6—8 月。其中 6 月为暴雨日数最多的月份,暴雨总日数达到 48 d,年平均暴雨日数 1.1 d;其次为 8 月,达 34 d,年平均暴雨日数 0.8 d。

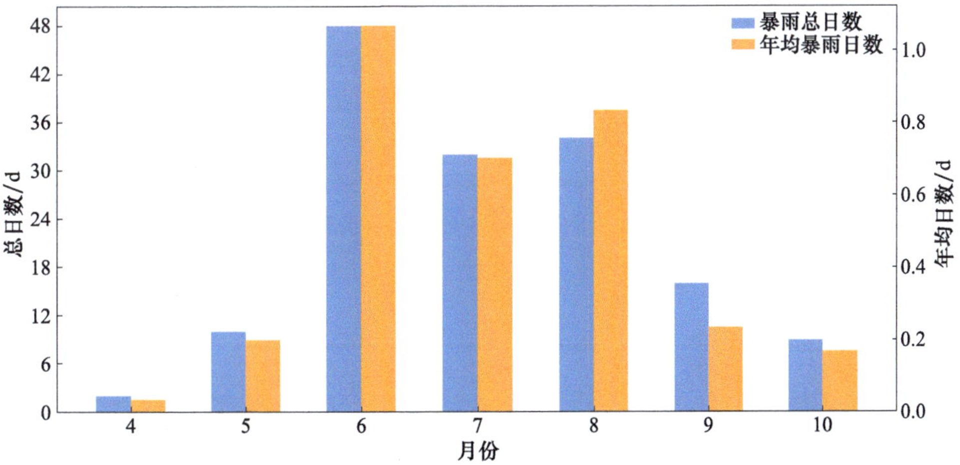

图 3.4 南太湖新区国家气象站暴雨日数月际变化图(1978—2020 年)

单站暴雨过程(1961—2020 年)调查表统计表明(见图 3.5),吴兴区暴雨主要出现在 6—9 月,6—9 月暴雨总日数依次减少;6 月受梅汛期影响,暴雨总日数最多,达到 59 d,年均暴雨日数为 0.9 d;其次为 7 月,暴雨总日数为 43 d,年均暴雨日数约为 0.7 d。受季节性气候影响,11—2 月中,除去 1 月曾出现一次暴雨外,其余月份均未出现暴雨事件。

3.2.1.4 1、3、6、12、24 h 不同历时降水量极值

吴兴区代表站(站号:K5130)由于建站较晚,降水量观测序列较短,故统计数据参考南太湖新区国家气象站(站号:58450)的数据。利用区域内所有气象站的小时降水资料,根据暴雨

过程定义，提取各站暴雨过程，并在此基础上，求得各站点连续滑动 1、3、6、12 h，日降水和暴雨过程的累积降水量，最大值如下（表 3.3）：

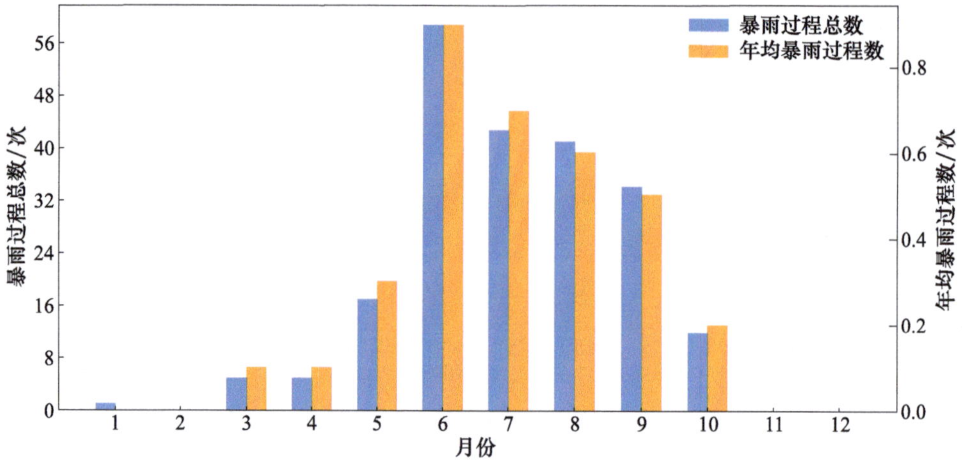

图 3.5　南太湖新区国家气象站暴雨次数月际变化图(1961—2020 年)

表 3.3　吴兴区同历时暴雨极值(1961—2020 年)　　单位：mm

站名	过程降水	日降水	1 h 降水量	3 h 降水量	6 h 降水量	12 h 降水量
南太湖新区	298.0	227.6	63.9	92.7	127.6	177.8
金融小镇	710.4	355.2	81.7	115.1	121.0	126.5
三天门	433.9	277.2	60.6	93.0	134.2	200.8
小雷山	60.7	60.7	8.0	15.9	24.9	40.6
湖中	332.6	172.1	82.5	95.9	105.1	157.5
气象局	166.3	130.1	57.2	61.3	69.9	93.2
爱山小学	216.3	216.3	53.1	78.2	106.7	157.9
大钱水闸	181.1	138.7	66.3	139.7	158.6	161.4
帕丁顿	133.7	66.9	8.9	20.6	32.8	54.0

3.2.1.5　暴雨重现期

(1)不同连续日数降水量重现期

利用南太湖新区国家气象站 1961—2020 年日降水量数据，通过皮尔逊-Ⅲ广义极值分布模型，拟合推求连续 1、3、5 和 10 d 的 5、10、20、50 和 100 年重现期情景下降水量得到如下结果：

表 3.4　湖州南太湖新区不同连续日数降水量重现期降水量

连续日数/d	重现期				
	5 年	10 年	20 年	50 年	100 年
1	119.1 mm	142.6 mm	164.8 mm	192.8 mm	213.3 mm
3	169.9 mm	203.4 mm	235.1 mm	275.3 mm	304.8 mm
5	194.0 mm	228.1 mm	260.1 mm	300.6 mm	330.0 mm
10	242.7 mm	290.7 mm	338.4 mm	400.7 mm	447.5 mm

(2)不同历时降水重现期

利用南太湖新区国家气象站 1961—2020 年日小时降水数据,通过皮尔逊-Ⅲ广义极值分布模型,拟合推求连续滑动 1、3、6、12 h 以及日降水的 5、10、20、50 和 100 年重现期情景下降水量得到如下结果:

表 3.5 湖州南太湖新区国家气象站不同历时降水量重现期降水量

历时/h	5 年	10 年	20 年	50 年	100 年
1 h	40.8 mm	47.5 mm	52.5 mm	58.9 mm	64.2 mm
3 h	60.0 mm	68.5 mm	76.2 mm	85.1 mm	90.4 mm
6 h	72.1 mm	83.8 mm	95.0 mm	109.0 mm	119.6 mm
12 h	84.6 mm	100.5 mm	117.4 mm	139.2 mm	156.2 mm
24 h 降水	115.8 mm	136.7 mm	157.4 mm	184.8 mm	205.3 mm

3.2.2 致灾危险性评估与区划

3.2.2.1 方法概述

暴雨灾害危险性评估主要基于两个方面考虑:(1)暴雨致灾因子(雨涝指数);(2)形成气象灾害的孕灾环境。孕灾环境对致灾因子的危险性具有放大或缩小作用,可以反映为孕灾环境敏感指数。基于暴雨孕灾环境敏感指数和暴雨雨涝指数,应用加权求和模型进行暴雨致灾危险性估算:

$$H = S\times A+R\times B \tag{3.3}$$

其中,S、R 分别为标准化的暴雨孕灾环境敏感指数和暴雨雨涝指数,A、B 分别为相应的指标权重。

基于各类型暴雨灾害危险性评估结果,综合考虑行政区划(或气候区、流域等),对暴雨灾害危险性进行基于空间单元的划分,并根据危险性评估和区划结果制作成果图件。根据暴雨灾害危险性指标值分布特征,可使用标准差或自然断点法等方法,将暴雨灾害危险性分为 4 级。

3.2.2.2 暴雨雨涝指数计算

通过查阅文献(周成虎 等,2000;俞布 等,2011;缪启龙 等,2012;胡波 等,2014;李清华 等,2015;王珊珊 等,2017;Chen et al. ,2019;轩春怡 等,2020)以及专家打分等方式,最终确定并赋值 6 项暴雨致灾因子的权重(见表 3.2),并通过在 ArcGIS 中的空间插值和重采样方式,将上述 6 个致灾因子统一处理为 CGCS2000 地理坐标系下 0.001°分辨率。在对其进行归一化计算的基础上,分别乘权重系数,并通过相加最终计算获得该地区每个栅格上的暴雨雨涝指数(见图 3.6)。从图中可以看出,八里店镇、织里镇、妙西镇以及埭溪镇等部分区域暴雨雨涝指数最高,达 0.35～0.38,道场乡和部分高新区区域暴雨雨涝指数最低,只有 0.24～0.29。

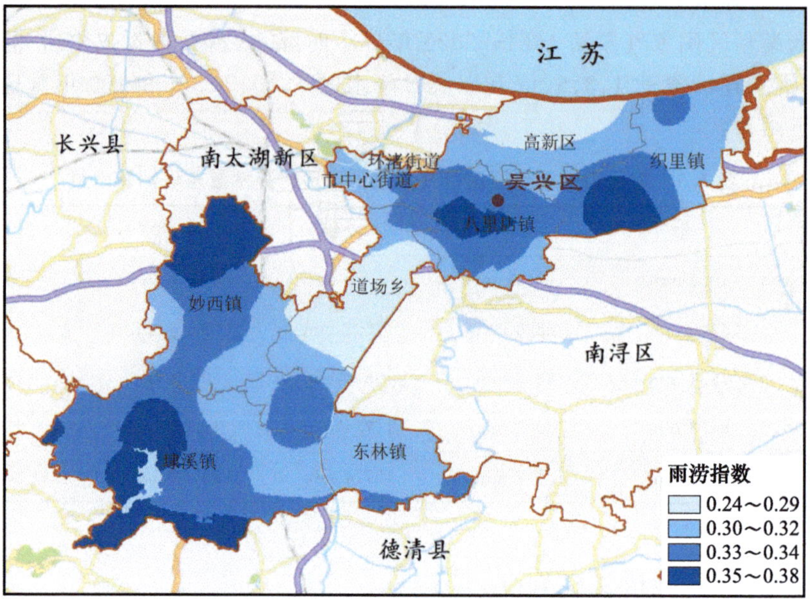

图 3.6　吴兴区过程暴雨雨涝指数分布情况

3.2.2.3　暴雨孕灾环境影响系数

暴雨孕灾环境指暴雨影响下，对形成洪涝、泥石流、滑坡、城市内涝等次生灾害起作用的自然环境。暴雨孕灾环境对暴雨成灾危险性起扩大或缩小作用。暴雨孕灾环境宜考虑地形、河网水系、地质灾害易发条件等因素，参考《暴雨过程危险性等级评估技术规范》(DB33/T 2025—2017)，并结合实地情况，暴雨孕灾环境主要考虑地形起伏度、不透水盖度和河网密度因子。

地形起伏度是指在一个特定的区域内，最高点海拔高度与最低点海拔高度的差值。基于吴兴区的 30 m 网格空间分辨率数字高程影像，重采样后估算该网格与周边 8 个网格之间的最大高度差，即为该网格的地形起伏度，参考相关文献确定暴雨洪涝地形影响因子(表 3.6)。

表 3.6　暴雨洪涝地形影响因子赋值

高程	地形起伏度		
	≤5 m	5～20 m	>20 m
≤100 m	0.9	0.8	0.7
100～300 m	0.8	0.7	0.6
300～700 m	0.7	0.6	0.5
>700 m	0.6	0.5	0.4

吴兴区的地形起伏度影响因子高值几乎分布于全部地区，该地区地形起伏度低，容易出现洪涝，平原地区地势平坦，从地形上看也比较容易形成积涝(见图 3.7)。

从吴兴区的水系分布上看，吴兴区境内主要河流水系分为苕溪水系、东部平原运河水系两部分。苕溪水系包括东苕溪、西苕溪及尾闾的环城河、旄儿港等河道，在白雀塘桥汇合后，经小梅港、长兜港注入太湖。东部平原水系为杭嘉湖平原运河西水系的一部分，河道纵横交错，是平原地区排洪和引水的通道。东西向主要河道为頔塘、北横塘、南横塘和鲇鱼口闸下游河道，

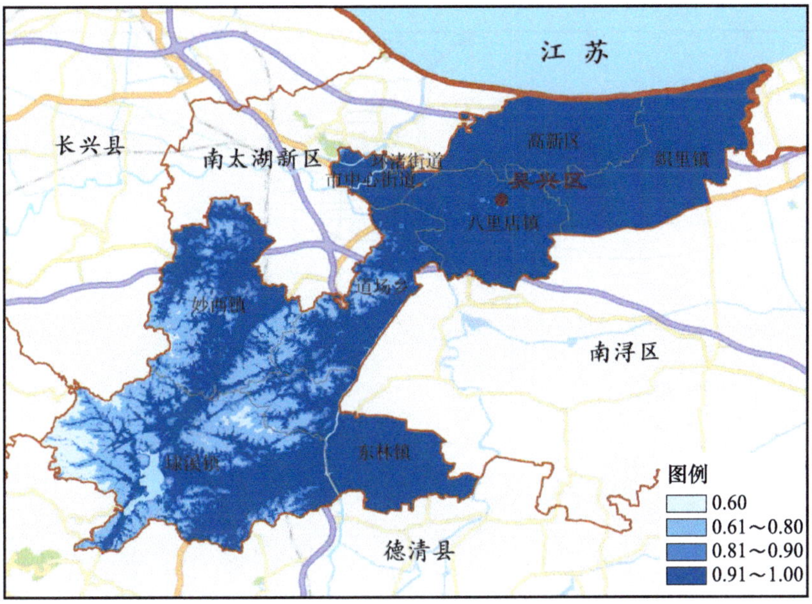

图 3.7 浙江省湖州市吴兴区地形起伏影响因子分布情况

南北向主要河道为大钱港、罗溇港、幻溇港、濮溇港、汤溇港等。用 ArcGIS 软件中的线密度提取工具(line density)计算河网密度,并进行标准化处理。从提取结果看(见图 3.8),在苕溪水系、东部平原运河水系附近区域都有较高的河网密度值。

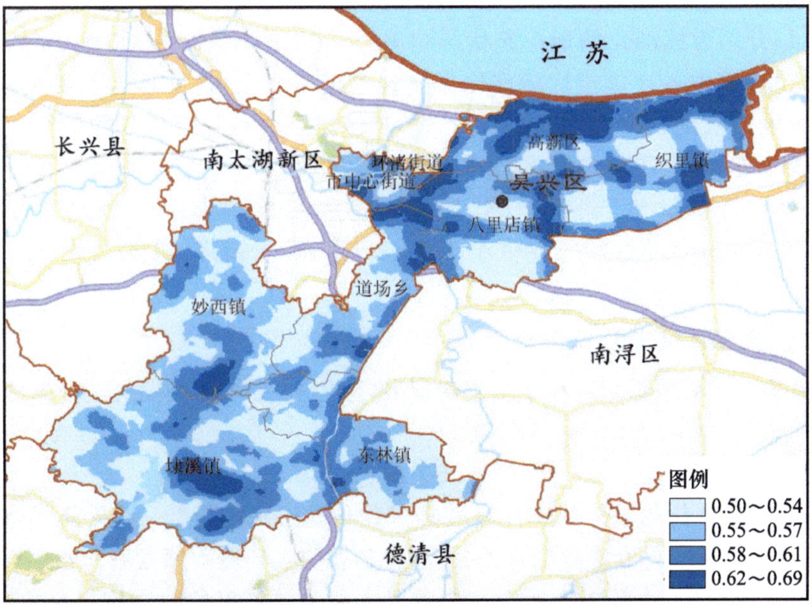

图 3.8 浙江省湖州市吴兴区河网密度标准化情况图

另外,从吴兴区不透水盖度分布(见图 3.9)中可以看到市中心街道、环渚街道为值较高地区(≥0.86),高不透水地表通常容易倒追地表径流及积水增加,地表出现峰值径流的反应时间缩短,从而增加积涝风险。

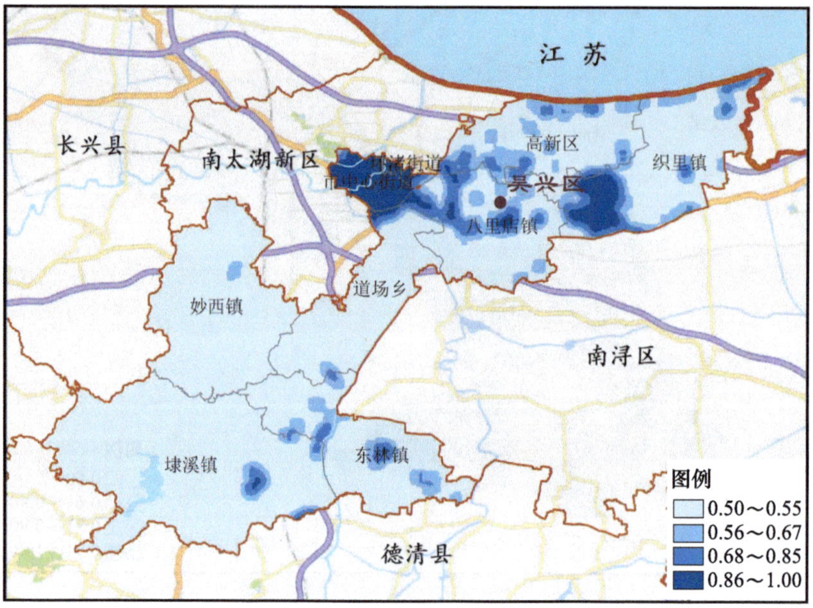

图 3.9 浙江省湖州市吴兴区不透水盖度分布情况图

基于地形起伏影响因子、河网密度、不透水盖度，应用加权求和和模型进行暴雨孕灾环境敏感指数估算：

$$S = T_e \times A + R_i \times B + I_m \times C \tag{3.4}$$

其中，T_e、R_i、I_m 分别为标准化的地形起伏影响因子、河网密度和不透水盖度，A、B 和 C 分别为相应指标权重，其中各评价指标标准化方法参考相关公式，将地形起伏影响因子、河网密度和不透水盖度的权重设为 0.5、0.1 和 0.4。自然断点法是一种更具数值统计分布规律分级和分类的统计方法，它能使类与类之间的差异最大化。本报告中采用自然断点法对孕灾环境敏感指数进行低敏感、较低敏感、较高敏感和高敏感共 4 个敏感等级的划分，如图 3.10。孕灾环境高敏感区域主要位于市中心街道、环渚街道，除此之外在织里镇也有比较高的值分布。

3.2.2.4 暴雨灾害致灾危险性区划

基于暴雨孕灾环境敏感指数和暴雨雨涝指数，应用加权求和和模型进行暴雨致灾危险性估算：

$$H = S \times A + R \times B \tag{3.5}$$

其中，S、R 分别为标准化的暴雨孕灾环境敏感指数和暴雨雨涝指数，A、B 分别为相应指标权重，其中各评价指标标准化方法参考相关公式，将暴雨孕灾环境敏感指数和暴雨雨涝指数的权重分别设为 0.4 和 0.6。本报告中采用自然断点法对暴雨致灾危险性进行低危险性、较低危险性、较高危险性和高危险性共 4 个危险性等级的划分（见图 3.11）。暴雨致灾危险性分布总体呈现出北部高、南部低的趋势，高危险性区域主要位于市中心街道、环渚街道、织里镇，低危险性区域主要位于道场乡。

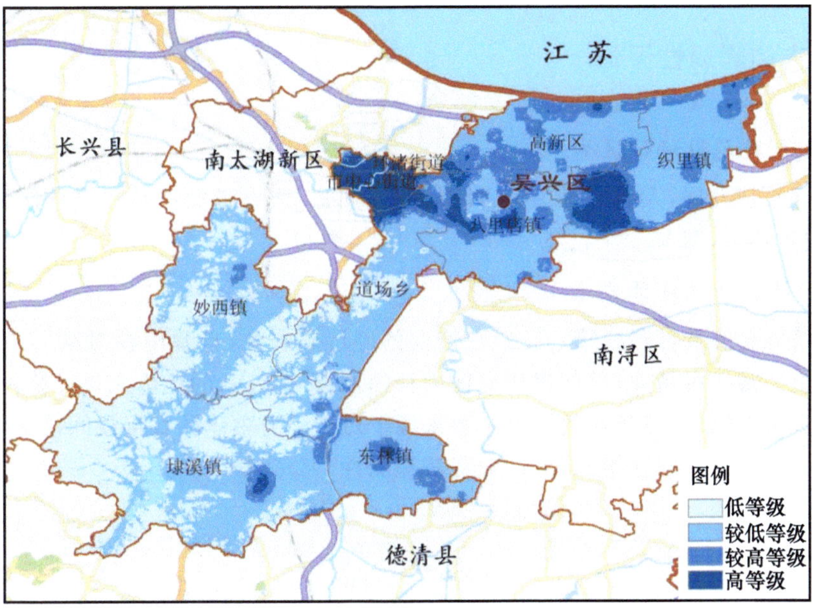

图 3.10　浙江省湖州市吴兴区暴雨孕灾环境敏感性等级分布图

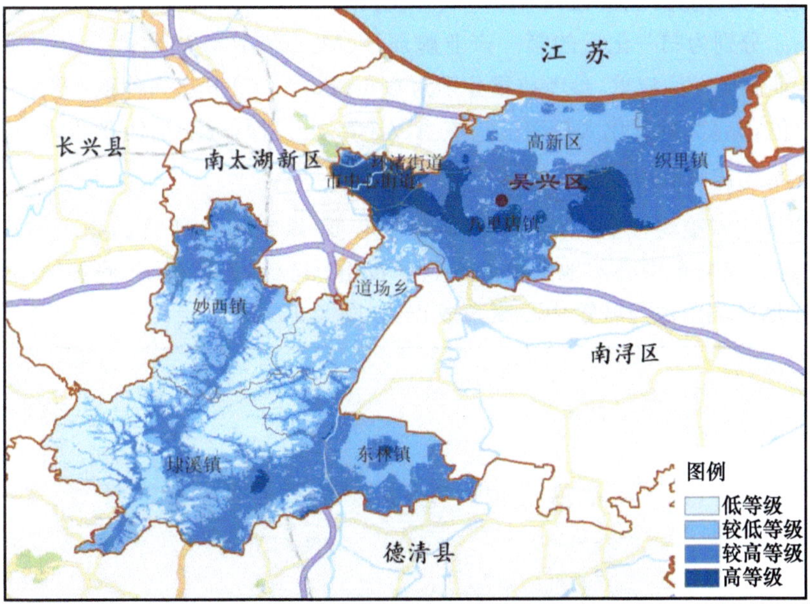

图 3.11　浙江省湖州市吴兴区暴雨致灾危险性图

3.3　暴雨灾害风险评估

3.3.1　承灾体暴露度评估

人口、经济承灾体暴露度评估详见附录 2。

3.3.2 承灾体脆弱性评估

3.3.2.1 人口脆弱性评估区划

随着社会经济发展，人们对暴雨灾害防御能力加强，假设各类人群在当前防御水平下，脆弱性均一，权重均一，即 V_{pop} 为 1。

3.3.2.2 经济脆弱性评估方法

假设经济综合脆弱性包含第一、二、三产业的经济脆弱性，且暴雨在对第一产业造成的损失很大程度上来源于种植业，近似以研究区内种植业量与 GDP 的比值来表征第一产业经济脆弱性。假设灾害对第二、三产业的影响主要来源于对劳动力主体的直接或间接影响，近似以该地区标准化人口密度来表征第二、三产业经济脆弱性。公式如下：

$$V_{GDP}=\alpha SV_{GDP1}+\beta SV_{GDP23} \tag{3.6}$$

$$V_{GDP1}=\frac{GDP_{farm}}{GDP} \tag{3.7}$$

$$V_{GDP23}=S_{POP\,3} \tag{3.8}$$

式中，V_{GDP} 为经济综合脆弱性指数，V_{GDP1} 和 V_{GDP23} 分别为第一产业脆弱性、第二、三产业脆弱性，SV_{GDP1} 和 SV_{GDP23} 分别为归一化后的第一产业脆弱性、第二、三产业脆弱性，α 和 β 分别为第一产业、第二、三产业脆弱性的权重，参考权重分别为 0.6 和 0.4。GDP_{farm} 为种植业生产总值，GDP 为该地区生产总值，S_{POP} 为标准化人口密度。该指数计算之后进行标准化处理，值域为 0～1。

3.3.2.3 经济脆弱性评估区划

吴兴区暴雨灾害脆弱性空间分布呈现城市中心低、城市边缘高的趋势，与 GDP 暴露度空间分布相反，越远离城市中心的地区第一产业分布相对广泛，人口稀疏，脆弱性越强，灾害冲击下越难恢复。地区脆弱性与城镇中心距离成正比(图 3.12)。

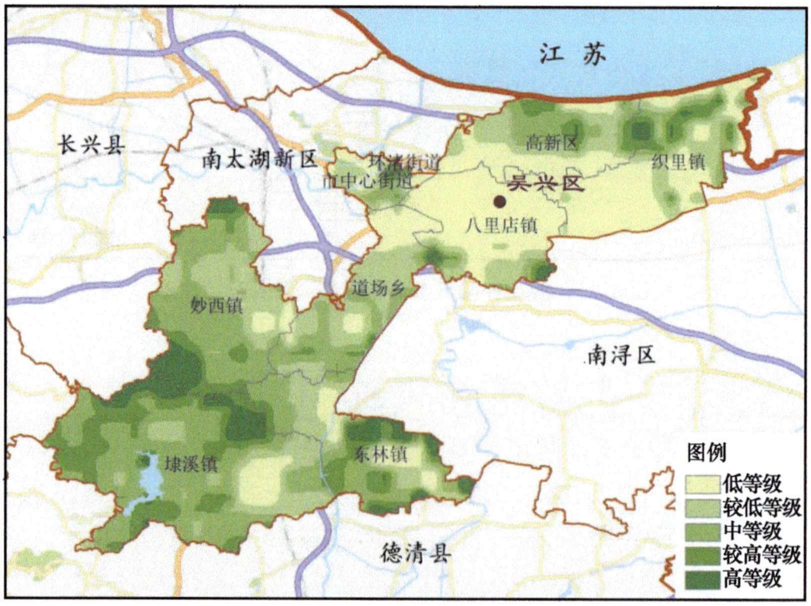

图 3.12 吴兴区暴雨灾害 GDP 脆弱性等级分布图

3.3.3　暴雨风险评估

3.3.3.1　方法概述

基于自然灾害风险形成理论(黄崇福,2005),暴雨气象灾害风险是由危险性(致灾因子)、暴露度、脆弱性三部分共同形成(姜彤 等,2018)。每个因子又是由一系列子因子组成。其表达式为:

$$灾害风险 = f(危险性,暴露度,脆弱性) \tag{3.9}$$

暴雨致灾危险性是暴雨事件叠加在特定的孕灾环境下的综合表现,因此需要综合考虑暴雨强度及其孕灾环境。暴雨孕灾环境是指在暴雨影响下,对形成洪涝、泥石流、滑坡、城市内涝等次生灾害起作用的自然环境,主要以主要地形高程、地形起伏度、河网密度、不透水盖度等指标体现。其中不透水盖度定义为不透水面(指不能直接通过并且也不能下渗到土壤中的人为景观,包括沥青、水泥、瓦片等材料构成的建筑物、路面和停车场等)所占面积百分比。高程和地形起伏度为负向指标,即值越低,致灾危险性越大;河网密度与不透水盖度为正向指标,即值越高,致灾危险性越大。

暴雨灾害风险评估根据本地实际情况,结合对不同承灾体暴露度和脆弱性评估结果,基于暴雨灾害风险评估模型,分别对各类暴雨灾害开展风险评估工作。暴雨灾害风险评估模型如下:

$$R=(10H)^{i}\times(10V)^{j}\times(10E)^{k} \tag{3.10}$$

式中,R 为标准化的承灾体暴雨灾害风险评价指数,H 为标准化的致灾因子危险性指数,E 为标准化的承灾体暴露度指数,V 为标准化的脆弱性指数,i、j、k 分别为相应指标的权重。针对不同承灾体,V、E 分别用不同承灾体的相应指标 V_{GDP}、V_{pop}、E_{GDP}、E_{pop}代替。

3.3.3.2　暴雨灾害人口风险评估与区划

吴兴区暴雨灾害受灾人口综合风险空间分布呈现周边地区低、城市中心高的趋势,整体趋势受暴雨灾害人口暴露度空间分布影响最大,城市边缘受到暴雨综合致灾危险性影响。其中市中心街道、环渚街道受灾人口综合风险最高,织里镇也包含综合风险高等级区域,其余地区综合风险普遍为偏低等级(图 3.13)。

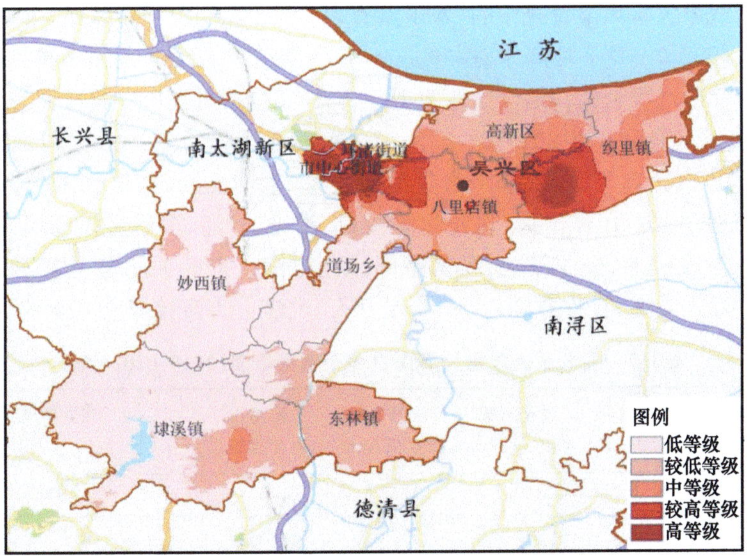

图 3.13　吴兴区暴雨灾害受灾人口综合风险等级分布图

3.3.3.3 暴雨灾害 GDP 风险评估与区划

吴兴区暴雨灾害 GDP 综合风险空间分布呈现周边地区低、城市中心高的趋势，整体趋势受暴雨灾害 GDP 暴露度空间分布影响最大，城市边缘受到暴雨灾害 GDP 脆弱性、暴雨综合致灾危险性影响。其中市中心街道、环渚街道 GDP 综合风险最高，织里镇也包含综合风险高等级区域，其余地区综合风险中等(图 3.14)。

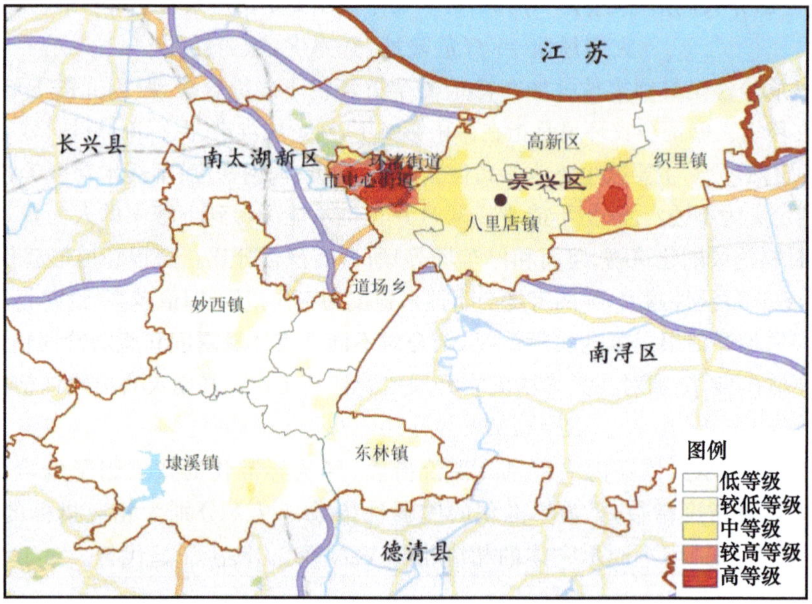

图 3.14 吴兴区暴雨灾害 GDP 综合风险等级分布图

3.3.4 历史主要暴雨灾害事件

基于吴兴区气象灾害风险普查中的“暴雨调查表 7”，计算暴雨强度等级(暴雨强度等级值＝过程累积降水量/500.0＋日平均降水量/200.0)，并按照结果进行从大到小排序，表 3.7 给出了吴兴区历史重大暴雨过程个例。结合当地 2018—2020 年暴雨重大历史灾情调查记录，记录了部分个例的影响和受灾情况。以 2019-08-10—2019-08-10 过程为例：台风“利奇马”对包括吴兴区在内的整个湖州市影响严重，12 h 降水量最大值为 115.1 mm，狂风暴雨导致全市江河湖库水位迅猛上涨，造成塌方、山体滑坡、堤防塌陷决口、漫堤、管涌、房屋受损倒塌、树木倒伏、短时停电、道路积涝、学校停课、企业停工、客运停班、航区封航、景区关闭等。据不完全统计，全市 57 个乡镇 16.3 万人受灾，转移各类人员 10.4 万人，洪涝灾害直接经济总损失达 5.37 亿元。

表 3.7 吴兴区近年重大暴雨过程个例要素表(2018—2020 年)

开始时间(年-月-日)	结束时间(年-月-日)	持续时间/d	过程累积降水量/mm	日平均降水量/mm	暴雨强度等级	降水量最大值/mm			
						1 h	3 h	6 h	12 h
2019-08-10	2019-08-10	1	155.7	155.7	1.09	21.7	48	83	115.1

续表

开始时间（年-月-日）	结束时间（年-月-日）	持续时间/d	过程累积降水量/mm	日平均降水量/mm	暴雨强度等级	降水量最大值/mm			
						1 h	3 h	6 h	12 h
2020-07-15	2020-07-16	2	136.8	68.4	0.61	14.3	24.0	44.2	70.5
2020-09-17	2020-09-17	1	79.5	79.5	0.56	12.0	24.0	31.6	53.6
2019-06-18	2019-06-18	1	73.6	73.6	0.52	9.8	20.4	27.6	50.2
2019-09-01	2019-09-01	1	73.9	73.9	0.52	8.6	20.9	36.2	61.3
2020-06-21	2020-06-21	1	67.7	67.7	0.48	9.4	17.7	33.5	54.7
2018-09-17	2018-09-17	1	63.2	63.2	0.45	18.8	32.4	43.8	57.7
2019-06-21	2019-06-21	1	54.0	54.0	0.38	17.0	22.0	39.1	53.0
2019-07-13	2019-07-13	1	54.6	54.6	0.38	8.4	19.4	32.4	55.6

第4章 干 旱

干旱是长期无雨或少雨，使江河水位严重偏低，土壤水分不足，淡水资源不足以满足人们生存和经济发展的气候现象。干旱是浙江常见的气象灾害之一，其影响范围常常涉及全省。在浙江，干旱一年四季都有发生，连年发生旱灾的情况也不少，但危害最大的则是夏秋干旱。

干旱有多种类型，有气象干旱、农业干旱、水文干旱等，本文涉及的干旱为气象干旱。本章对发生在吴兴区的干旱过程、干旱灾害及其影响进行调查，开展干旱灾害危险性评估与制图。

4.1 调查方法与调查资料

4.1.1 数据调查

对发生在吴兴区的干旱过程、干旱灾害及其影响进行调查，开展干旱灾害危险性评估，包括气象干旱灾害事件数据库建立、干旱灾害危险性评估与制图。吴兴区代表气象站（站号：K5130）由于建站较晚，干旱观测序列较短，故统计数据参考南太湖新区国家气象站（站号：58450）的数据。

（1）气象资料收集：调查收集 30 年以上长时间连续序列的数据资料，气象站气象观测资料调查时段主要为建站至 2020 年。收集历史干旱过程的的基本信息和危险性因子，主要包括历年逐日降水量、日平均气温、最长连续无降水日数、蒸散量、土壤相对湿度等。

（2）历史干旱灾情调查：历史灾害调查时段主要为 1978—2020 年，包括年度灾害调查和灾害事件调查。收集历史干旱发生时间、地点、强度、影响面积、持续时间、破坏状况等，以及历史干旱造成的（直接或间接）经济损失等情况。

（3）其他：基础地理信息、社会经济数据等详见附录。

基于上述数据，通过第一次全国自然灾害综合风险普查工作，完成吴兴区普查干旱调查表格 4 张，干旱过程 84 次，统计分析数据记录条数 232 条，包含的调查内容主要有：历年历次干旱过程开始时间、干旱过程结束时间、累计干旱强度、干旱过程强度、干旱过程评估等级、干旱过程降水量、干旱过程降水量距平百分率、平均气温距平、最长连续无降水日数、相对湿润度指数、各等级年干旱日数、年最长连续干旱日数、年最长连续干旱开始（结束）时间、年最长干旱过程强度、年各等级区域干旱过程次数等。

4.1.2　技术方法

4.1.2.1　气象干旱指标

干旱是由于降水长期亏缺和近期亏缺综合效应累加的结果。气象干旱综合指数(MCI)考虑了 60 d 内的有效降水(权重累积降水)、30 d 内蒸散(相对湿润度)以及季度尺度(90 d)降水和近半年尺度(150 d)降水的综合影响。该指数考虑了业务服务的需求，增加了季节调节系数。该指数适用于作物生长季逐日气象干旱的监测和评估。干旱综合指数依据《气象干旱等级》(GB/T 20481—2017)确定。具体计算方法如下，干旱等级划分见表 4.1。

(1)气象干旱综合指数(MCI)：

$$\mathrm{MCI}=\mathrm{Ka}(a\times \mathrm{SPIW}_{60}+b\times \mathrm{MI}_{30}+c\times \mathrm{SPI}_{90}+d\times \mathrm{SPI}_{150}) \tag{4.1}$$

式中：MCI 为气象干旱综合指数；MI_{30} 为近 30 d 相对湿润度指数；SPI_{90} 为近 90 d 标准化降水指数；SPI_{150} 为近 150 d 标准化降水指数；SPIW_{60} 为近 60 d 标准化权重降水指数；a、b、c、d 为权重系数，分别取值 0.5、0.6、0.2、0.1；Ka 为季节调节系数，根据不同季节各地主要农作物生长发育阶段对土壤水分的敏感程度确定。

(2)相对湿润度指数

相对湿润度指数为某段时间的降水量与同时段内潜在蒸散量之差再除以同时段内潜在蒸散量得到的指数，按下式计算：

$$\mathrm{MI}=\frac{P-\mathrm{PET}}{\mathrm{PET}} \tag{4.2}$$

式中：MI 为某时段相对湿润度；P 为某时段的降水量；PET 为某时段的潜在蒸散量。

(3)标准化降水指数(SPI)

因计算方法复杂，详见《气象干旱等级》(GB/T 20481—2017)。

表 4.1　气象干旱综合指数等级的划分表

等级	类型	MCI	干旱影响程度
1	无旱	−0.5<MCI	地表湿润，作物水分供应充足；地表水资源充足，能满足人们生产、生活需要
2	轻旱	−1.0<MCI≤−0.5	地表空气干燥，土壤出现水分轻度不足，作物轻微缺水，叶色不正；水资源出现短缺，但对生产、生活影响不大
3	中旱	−1.5<MCI≤−1.0	土壤表面干燥，土壤出现水分不足，作物叶片出现萎蔫现象；水资源短缺，对生产、生活造成影响
4	重旱	−2.0<MCI≤−1.5	土壤水分持续严重不足，出现干土层(1～10 cm)，作物出现枯死现象；河流出现断流，水资源严重不足，对生产、生活造成较重影响
5	特旱	MCI≤−2.0	土壤水分持续严重不足，出现较厚干土层(>10 cm)，作物出现大面积枯死；多条河流出现断流，水资源严重不足，对生产、生活造成严重影响

4.1.2.2 干旱过程识别

(1)单站干旱过程识别:当某站连续 15 d 及以上出现轻旱及以上等级干旱,且至少有一天干旱等级达到中旱及以上,则判定为发生一次干旱过程。干旱过程时段内第一次出现轻旱的日期,为干旱过程开始日;干旱过程发生后,当连续 5 d 干旱等级为无旱或偏湿时,则干旱过程结束,干旱过程结束前最后一天干旱等级为轻旱或以上的日期为干旱过程结束日。某站点干旱过程开始日到结束日(含结束日)的总天数为该站干旱过程日数。在此基础上计算单站干旱过程强度。

(2)固定区域干旱过程识别:针对某相似气候地区或省(市)级行政区等固定区域范围,宜通过区域内站点平均干旱强度来判断干旱过程。区域日干旱强度,当某日监测区域内站点平均干旱强度的等级达轻旱及以上,且至少有一站干旱等级达到中旱以上,则认为该日发生区域干旱。当区域日干旱强度的等级达到轻旱及以上,且连续 15 d 及以上,至少有一日达中旱及以上等级,则发生一次区域性干旱过程。区域性干旱过程时段内第一次出现轻旱的日期,为区域干旱开始日;干旱过程发生后,当出现连续 5 d 区域日干旱等级为无旱时,则区域干旱过程结束,干旱过程结束前最后一天区域日干旱等级达轻旱及以上的日期为区域干旱结束日。区域性干旱过程开始日到结束日(含结束日)的总天数为区域干旱过程日数。在此基础上,计算区域干旱过程强度。

(3)动态区域干旱过程识别:通过站点之间的重叠率来判断干旱过程,宜用于全国或省级以上行政区。国家级、省级、县级分别采用动态区域干旱过程识别、固定区域干旱过程识别、单站干旱过程识别等方法进行干旱过程识别,并计算过程强度及过程等级。按照年设置干旱过程序号。

4.1.2.3 评价指标体系

(1)致灾因子危险性指标:确定干旱强度、最长干旱持续日数、降水量、较重以上干旱过程次数为干旱致灾因子,采用加权综合评估法构建干旱危险性评估指标。

(2)承灾体暴露度指标:选取经济、农业等作为干旱主要承灾体,结合承灾体特征及空间数据情况,确定不同承灾体指标(如地均 GDP、农业种植面积等),采用综合加权法构建干旱承灾体暴露度评价指数。

(3)承灾体脆弱性指标:选取农业种植面积、经济作为干旱主要承灾体,利用各承灾体灾损率作为干旱脆弱性指标,采用加权综合评估法构建干旱脆弱性评估指数。

4.1.2.4 指标权重的确定

在危险性、暴露度和脆弱性评价中涉及多评价因子的权重系数可由信息熵赋权法确定。信息熵表示系统的有序程度。在多指标综合评价中,熵权法可以客观地反映各评价指标的权重。一个系统的有序程度越高,熵值越大,权重越小;反之,一个系统的无序程度越高,则熵值越小,权重越大。即对于一个评价指标,指标值之间的差距越大,该指标在综合评价中所起的作用越大;如果某项指标的指标值全部相等,则该指标在综合评价中不起作用。

设评价体系是由 m 个指标 n 个对象构成的系统,首先计算第 i 项指标下第 j 个对象的指标值 r_{ij} 所占指标比重 P_{ij}:

$$P_{ij} = \frac{r_{ij}}{\sum_{j=1}^{n} r_{ij}} \quad (i = 1,2,\cdots,m; j = 1,2,\cdots,n) \tag{4.3}$$

由熵权法计算第 i 个指标的熵值 S_i：

$$S_i = \frac{1}{\ln n}\sum_{j=1}^{n} P_{ij}\ln P_{ij} \quad (i=1,2,\cdots,m;j=1,2,\cdots,n) \tag{4.4}$$

$$\omega_i = \frac{1-S_i}{\sum_{i=1}^{m}(1-S_i)} \quad (i=1,2,\cdots,m) \tag{4.5}$$

计算第 i 个指标的熵权，确定该指标的客观权重 ω_i。

4.2 致灾危险性调查与评估

4.2.1 基本气象特征分析

4.2.1.1 干旱致灾因子特征

吴兴区代表气象站(站号:K5130)由于建站较晚，干旱观测序列较短，故统计数据参考南太湖新区国家气象站(站号:58450)的数据：1957—2020 年吴兴区 64 年间发生干旱过程共计 84 次，年均 1.3 次，每年干旱过程分布在 0～4 次，未见明显变化趋势。1994 年发生 4 次干旱过程，1959 年、1968 年、2004 年、2006 年、2008 年、2009 年和 2011 年发生 3 次干旱过程，有 13 个年份未有干旱过程发生(图 4.1)。

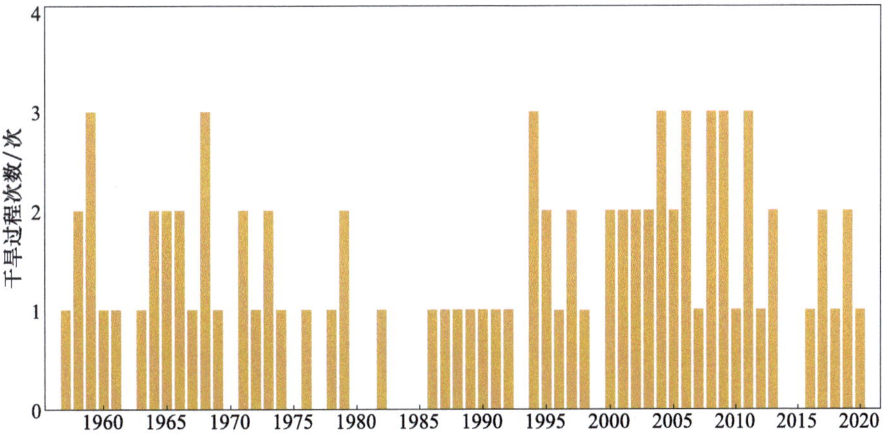

图 4.1 1957—2020 年干旱过程次数

4.2.1.2 致灾因子年际特征

吴兴区代表气象站(站号:K5130)由于建站较晚，干旱观测序列较短，故统计数据参考南太湖新区国家气象站(站号:58450)的数据：吴兴区历年干旱日数变化呈振荡趋势，无明显趋势性增减。其中，1978 年干旱日数达到历年来最高，为 166 d；2011 年次之，达到 164 d；2015 年最少，仅为9 d；多数年份干旱日数分布在 20～140 d；1991—2020 年平均年干旱日数为 78 d(图 4.2)。

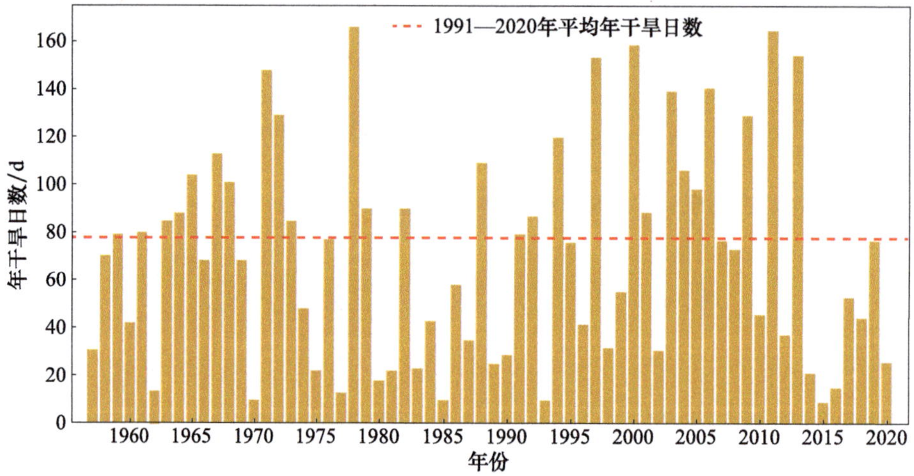

图 4.2　1957—2020 年干旱日数

分析历年轻旱特征，整体变化不明显，轻旱日数、轻旱占比呈现波动变化。轻旱日数历年平均 38.5 d，2003 年轻旱日数 95 d 达到最多；1972 年次之，为 88 d；1993 年、2015 年轻旱日数最少，仅为 7 d。轻旱日数占总干旱日数的比值最大为 100%，分别为 1970 年和 1975 年，表明这 2 年旱情较轻，未出现中旱及以上旱情；最低为 1967 年的 15%；轻旱占比的平均值为 61.3%，表明吴兴区的干旱过程中，轻旱占比较多(图 4.3)。

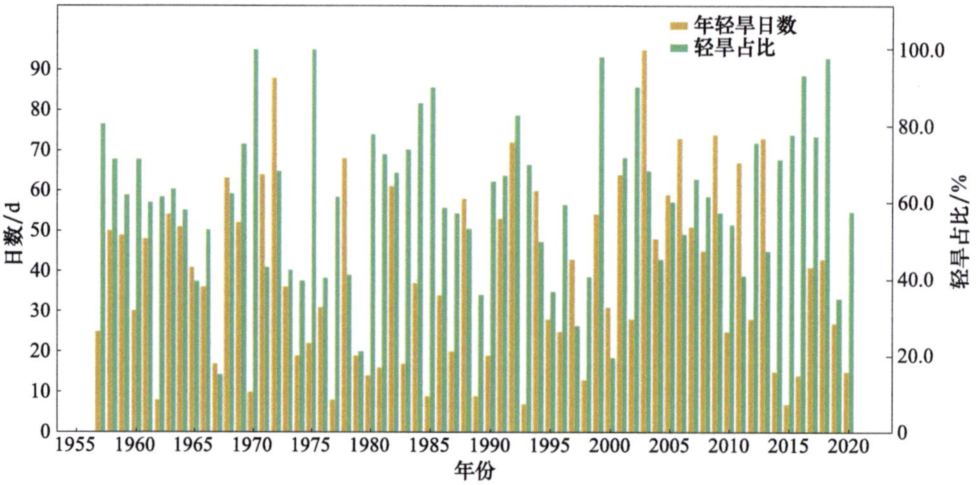

图 4.3　1957—2020 年轻旱日数和轻旱占比

分析历年中旱特征，趋势变动较大，中旱日数历年平均值为 20 d。其中，1997 年中旱日数最多，为 71 d；2000 年次之，为 70 d；1970 年、1975 年、1999 年未出现中旱；中旱占比最高年份为 2019 年的 55.8%；1997 年次之，为 46.1%；除未发生中旱的年份外，占比最低的为 2018 年的 2.3%，中旱占比的平均值为 25.7%，表明吴兴区的干旱过程中，中旱占比较少(图 4.4)。

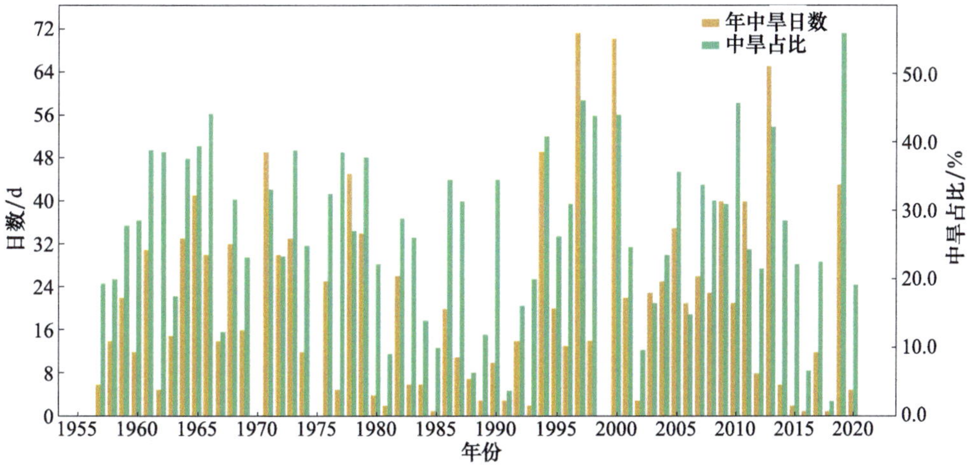

图 4.4 1957—2020 年中旱日数和中旱占比

分析历年重旱特征，趋势波动较明显，重旱日数历年平均为 10 d。其中，2011 年重旱日数最多，为 50 d；1967 年次之，为 48 d；1957 年、1960 年、1962 年等 20 个年份未出现重旱。重旱占比最高年份为 1989 年的 52%；1967 年次之，为 42.5%。重旱占比平均值为 10.8%（图 4.5），表明吴兴区的干旱过程中，重旱占比明显偏少，以轻旱为主。

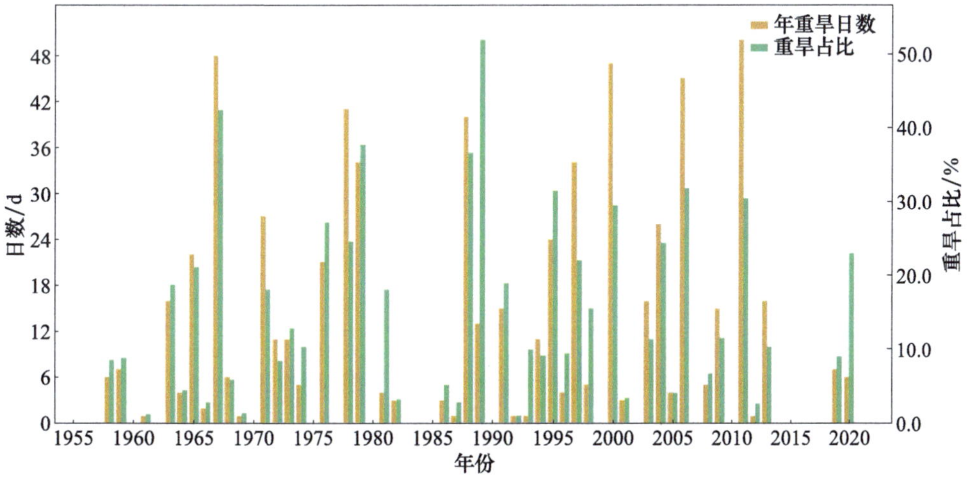

图 4.5 1957—2020 年重旱日数和重旱占比

分析历年特旱特征，呈波动递减趋势，2012 年以后，无特旱出现。特旱日数历年平均为 2 d，1967 年特旱日数最多，为 34 d；1974 年和 1978 年次之，为 12 d；除此之外，超过 7 d 的年份有 1971 年、1991 年、2004 年和 2011 年；共有 45 个年份未出现特旱事件。特旱占比最高为 1967 年的 30.1%；1974 年次之，为 25%；特旱占比平均值为 2.1%。这表明吴兴区的干旱过程中，特旱很少发生（图 4.6）。

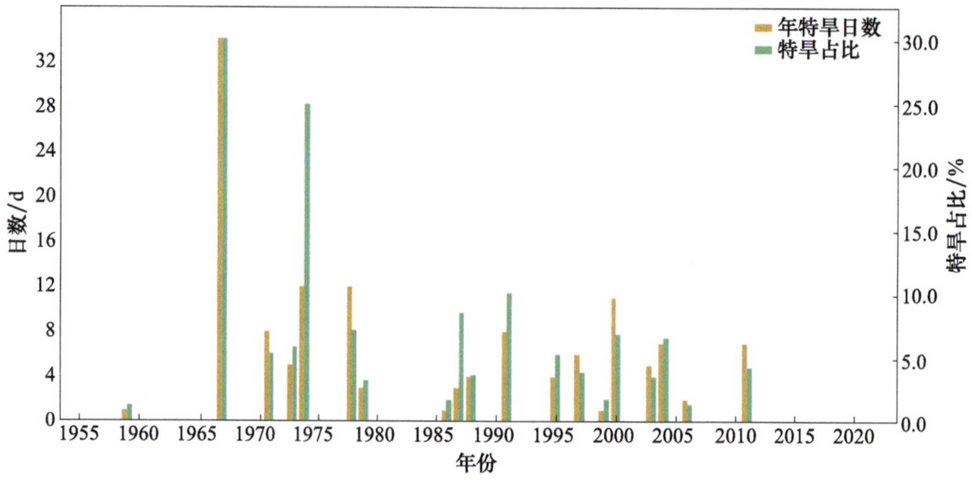

图 4.6 1957—2020 年特旱日数和特旱占比

4.2.1.3 致灾因子过程特征

吴兴区 64 年间发生干旱过程共计 84 次，年均 1.3 次，未见明显变化趋势，降水距平百分率最大值为 7.8%，最小值为 −99.2%，平均值为 −48.64%；过程降水距平百分率大部分为负值，表明几乎所有干旱过程都是由长时间降水偏少导致的；同时也注意到，个别干旱过程降水距平百分率为正值，一般是由于明显的降水过程缓解了旱情，同时较同期降水量偏多（图 4.7）。

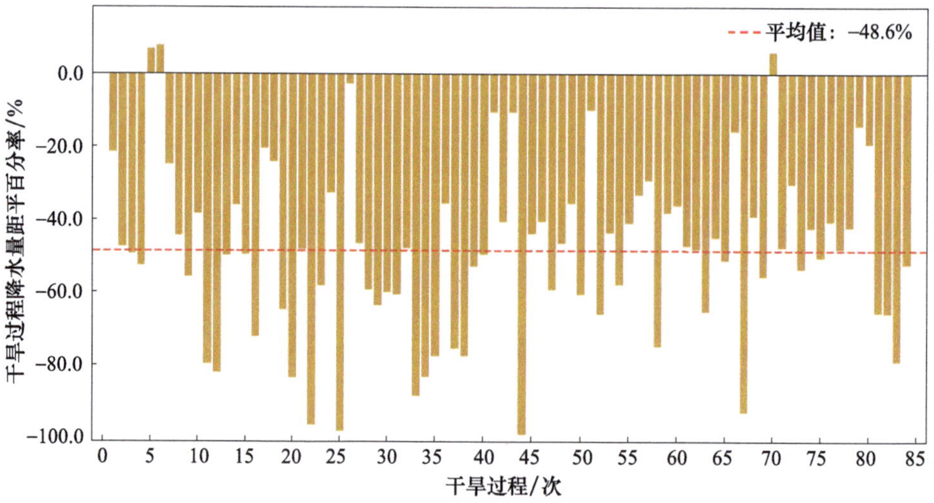

图 4.7 1957—2020 年干旱过程降水距平百分率

历次干旱过程中的最长连续无降水日数，呈现波动变化趋势。大部分干旱过程的最长连续无降水日数低于 20 d，超过 20 d 的过程有 8 次，最长的为 50 d。最长连续无降水日数平均值为 12 d，小于 12 d 的过程有 66 次，超过 12 d 的过程有 51 次，说明多数干旱过程的最长连续无降水日数小于 12 d，但严重干旱的发生更多的是由于更为长期的少雨（图 4.8）。

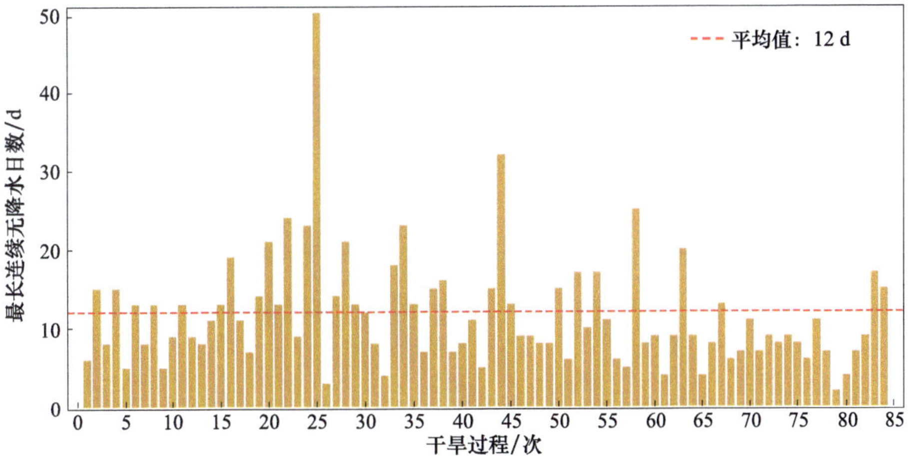

图 4.8 最长连续无降水日数

4.2.2 致灾危险性评估与区划

气象干旱是由于长时间的降水不足，但是干旱灾害的发生并不是单纯由于降水量的缺少，造成干旱的原因既与气象等自然因素有关，也与人类活动及应对干旱的能力有关，其中地形地貌是造成区域干旱的重要原因，干旱的孕灾环境敏感性因素主要考虑地形地貌、水系和土地利用类型。

根据海拔数据和坡度数据（详见附录 1），对吴兴区地形进行提取，在坡度小于 5°，海拔低于 200 m 处认为是河谷平原地形；坡度大于 5°，海拔低于 200 m 处认为是丘陵地形；坡度大于 5°，海拔高于 200 m 处为山地地形。河谷平原地形对干旱的作用系数为 0，丘陵和山地根据海拔值进行归一化处理，给予系数 0～1。河流水系对临近地区的干旱存在减弱影响，故计算水体距离栅格，并按各地与水体距离进行赋值（由近及远赋值 0～1），最后叠加计算。不同土地利用类型对干旱的影响，也采用专家打分法，分别采用农田（1.1）、草地（0.8）、森林（0.7）、湿地（0.6）、不透水面（1.2）和水体（0.5）进行赋值。

采用反映干旱强度的 MCI、较强以上程度干旱过程次数、连续无降水日数等致灾因子指标，利用信息熵赋权法确定权重，加权叠加计算干旱灾害危险性评价指数，综合考虑孕灾环境情况，对干旱灾害的危险性进行空间划分，利用自然断点法，将干旱灾害危险性划分为 4 级。

吴兴区的地形地貌分布见图 4.9，吴兴区境内以分割破碎的低山、丘陵以及广阔平原为基本特色。地势自西南向东北倾斜，低山丘陵以及盆地主要分布在西南部，由天目山东支延伸到市郊的埭溪、妙西一带而形成，东北部为湖沼型沉积平原，地势低洼，平均海拔约 3.5 m，河网密布，湖塘众多。

吴兴区干旱灾害危险性区划图见图 4.10，可以看出，吴兴区干旱灾害危险性呈现西南部低，东北部高的空间分布趋势。其中织里镇一带危险性较大，含有三个干旱灾害危险性峰值圈，埭溪镇和东林镇一带危险性较小，其余大部分地区危险性为较高等级。

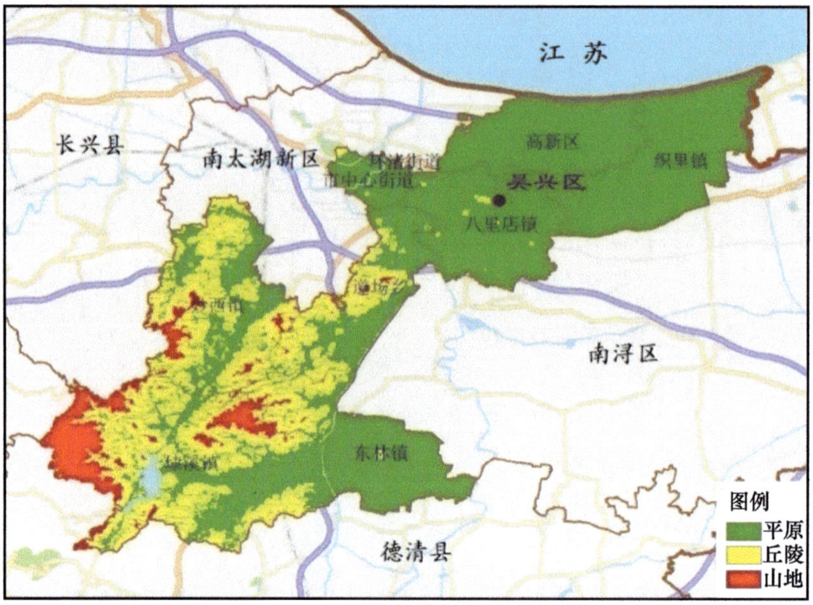

图 4.9 吴兴区地形地貌图

图 4.10 吴兴区干旱灾害危险性区划分布图

4.3 干旱灾害风险性评估与区划

4.3.1 承灾体暴露度

人口、经济承灾体暴露度评估详见附录2。

4.3.2 承灾体脆弱性

4.3.2.1 人口脆弱性评估

随着社会经济发展，人们对干旱灾害防御能力加强，干旱造成的损失更多的是用水困难、农作物受损乃至经济损失，对人口本身很少造成直接的生命伤害。因此，根据人口密度，分别采用：低于1人/hm^2(0.5)、1～10人/hm^2(0.6)、10～50人/hm^2(0.7)、50～100人/hm^2(0.8)和高于100人/hm^2(0.9)进行赋值。

吴兴区干旱灾害人口脆弱性分布如图4.11所示，空间分布呈现城市中心高，城市边缘低的趋势，主要受人口暴露度空间分布影响。其中吴兴区行政中心所在的八里店镇及其相邻的市中心街道、环渚街道脆弱性最高，织里镇脆弱性中等，其余地区脆弱性较低。

图4.11 吴兴区干旱灾害人口脆弱性分布图

4.3.2.2 经济脆弱性评估

经济越强的地方，城市基础设施越完善，相应的地下水网供水设施保障能力越强，抗旱能力越强；经济较弱的地方或山地丘陵地带，基础设施薄弱，或只能依靠天然河流湖泊，抗旱能力较弱。由于搜集到的干旱灾损数据有限，无法开展基于灾损关系的分析，因此根据GDP密度，分别采用高于 2000 万元/hm^2(0.5)、500 万～2000 万元/hm^2(0.6)、100 万～500 万元/hm^2(0.7)、10 万～100 万元/hm^2(0.8)和低于 10 万元/hm^2(0.9)进行赋值。

吴兴区干旱灾害经济脆弱性分布如图 4.12 所示。空间分布呈现城市中心低，城市边缘高的趋势，与 GDP 暴露度空间分布成相反趋势，越远离城市中心的地区第一产业分布越广泛，人口稀疏，脆弱性越强，灾害冲击下越难恢复。其中吴兴区行政中心所在的八里店镇及其相邻的市中心街道、环渚街道脆弱性最低，其余地区脆弱性与城市中心距离成正比。

图 4.12　吴兴区干旱灾害 GDP 脆弱性分布图

4.3.3　风险评估

4.3.3.1　方法概述

干旱灾害风险评估根据《干旱灾害调查与风险评估技术规范》及相关文献(林文鹏 等，2000；罗培，2007；刘航 等，2013；沈伟峰，2013；王莺 等，2014，2015；卢晓宁 等，2015；赵晶 等，2018；曲学斌 等，2019)及本地实际情况，结合对不同承灾体暴露度和脆弱性评估结果，根据干旱灾害风险评估模型进行风险评估与区划工作，基于承灾体的评估模型为：

$$R=(H)^i\times(E)^j\times(V)^k \tag{4.6}$$

式中，R 为标准化的承灾体干旱灾害风险评价指数，H 为标准化的致灾因子危险性指数，E 为标准化的承灾体暴露度指数，V 为标准化的脆弱性指数，i,j,k 分别为相应指标的权重。针对不同承灾体，V,E 分别用不同承灾体的相应指标 V_{GDP}，V_{pop}，E_{GDP}，E_{pop} 代替。

4.3.3.2　干旱灾害人口风险评估与区划

吴兴区干旱灾害人口风险分布如图 4.13 所示。人口风险空间分布呈现西南部地区低、中部和东北部城市地区高的趋势，整体趋势受干旱灾害危险性和人口暴露度空间分布的共同影响。其中吴兴区行政中心所在的八里店镇及其相邻的市中心街道、环渚街道以及东北部的织里镇受灾人口综合风险最高，埭溪镇、东林镇综合风险等级最低，其余地区综合风险普遍为中到较高等级。

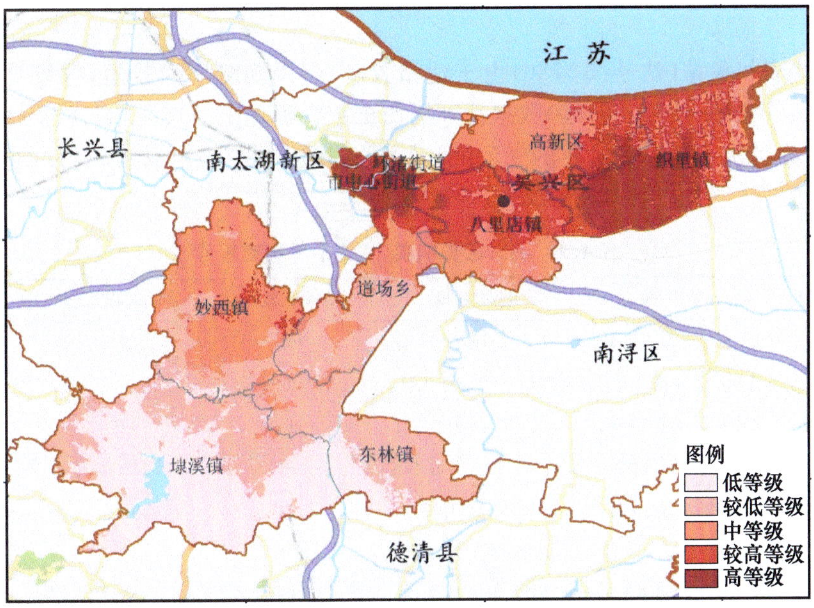

图 4.13　吴兴区干旱灾害人口风险区划分布图

4.3.3.3　干旱灾害 GDP 风险评估与区划

吴兴区干旱灾害受灾 GDP 风险如图 4.14 所示。干旱受灾 GDP 风险空间分布呈现西北部中部城市地区低，东北部地区高的趋势。整体趋势受干旱灾害危险性和 GDP 脆弱性的共同影响。其中吴兴区行政中心所在的八里店镇及其相邻的市中心街道、环渚街道和西南部的埭溪镇、东林镇综合风险最低，织里镇、高新区、道场乡和妙西镇综合风险最高，其余地区综合风险普遍为中等级。

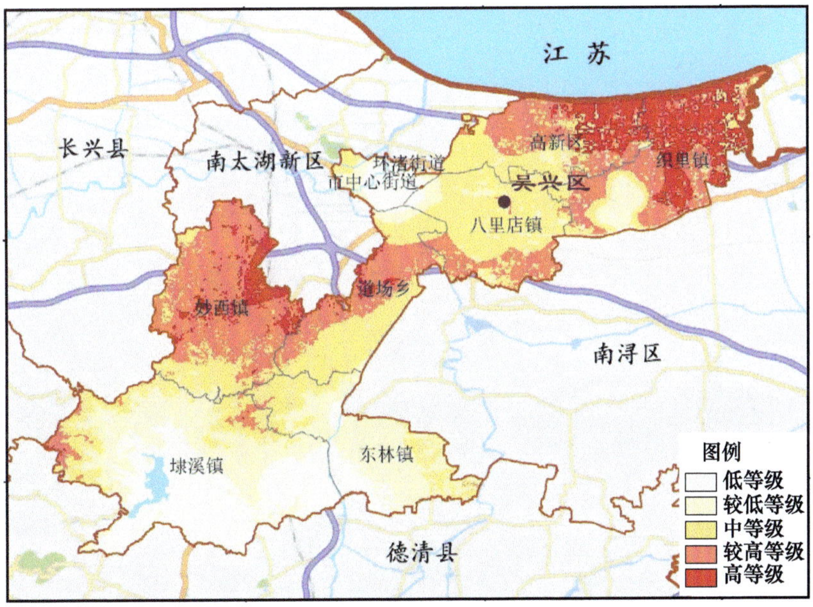

图 4.14　吴兴区干旱灾害 GDP 风险区划分布图

4.4 历史主要干旱灾害事件

吴兴区代表气象站(站号:K5130)由于建站较晚,干旱观测序列较短,故统计数据参考南太湖新区国家气象站(站号:58450)数据。利用历史数据筛选出吴兴区相对较严重的干旱灾害过程,表4.2为各次干旱灾害过程的气象统计特征值,发现2000年以后较为严重的干旱出现的次数较少。

表4.2 吴兴区影响前10位干旱灾害事件

序号	影响年份	开始时间	结束时间	持续日数/d	干旱过程强度	干旱过程评估等级
1	1978	1978年6月26日	1978年11月11日	139	219.6	特强
2	1967	1967年8月2日	1967年11月8日	99	215.2	特强
3	2000	2000年6月29日	2000年10月19日	113	193.8	特强
4	1997	1997年4月14日	1997年7月9日	87	153.4	特强
5	2013	2013年6月15日	2013年10月6日	114	149.7	特强
6	1988	1988年10月23日	1989年1月9日	79	135.7	强
7	2011	2011年4月5日	2011年6月8日	65	125.8	强
8	1971	1971年7月16日	1971年9月23日	70	120.2	强
9	1973	1973年11月19日	1974年1月15日	58	115.9	强
10	1972	1972年6月9日	1972年9月2日	86	104.1	强

第5章 高 温

本章对发生在湖州市吴兴区的高温灾害事件、过程和影响进行调查，收集符合高温过程的调查数据，并开展危险性评估、风险评估和区划，包括高温灾害危险性评估与制图、气象灾害事件数据库建立。

5.1 调查方法及调查资料

5.1.1 资料来源

(1)气象数据：气象站气象观测资料调查时段主要为1957—2020年。选取湖州市吴兴区内国家气象站1957—2020年逐日资料以及区域站1957—2020年的气温逐日和逐时数据。收集历史高温过程的基本信息和危险性因子，主要包括历年高温日数、最高气温、平均气温等。数据来源于浙江省气象局。

通过对湖州市吴兴区国家气象站以及区域气象站1533026条气温数据的调查，最终获取符合高温过程的数据136条。

(2)1 km高温格点数据：选取浙江省快速更新同化数值天气预报系统的预报产品为综合分析系统提供初始场。站点温度观测资料则来自于浙江省气象局信息网络中心2009—2020年的自动站数据库，包括了浙江省及其周边区域的近3000多个自动气象观测站。使用综合分析集成短临预报方法(INCA)，以浙江省及其周边为研究区域，建立高分辨率网格系统(即再分析网格)，将实际地形人为划分为基础地形和相对地形。对于温度资料的格点化分析，以浙江省本地高分辨率数值模式预报的温度场作为初始场，融合地面稠密的区域观测站点的2 m高度气温资料，然后获取地面观测站点的气温初始值及其对应于观测值的误差，最后通过简单插值方法将误差插值到再分析网格系统上，获取最终温度分析场，即2009—2020年浙江省1 km高温格点数据。综合分析法与其他插值方法(如克里金插值法、反距离权重法等)相比，在丘陵、山地、海岛、海洋等地形复杂和观测资料稀缺区域有明显优势，十分适合浙江省复杂的地形地貌情况。同时，综合分析方法具有较强的移植性，只要有观测和数值模拟的区域，均可以采用该方法进行精细格点化分析。总而言之，基于高分辨数值模式预报、高分辨率的数字高程模型和区域自动站观测资料的综合分析方法在复杂地形和沿海地区的天气要素精细格点化预报中有较好的应用价值。

(3)历史灾害调查时段主要为1978—2020年，包括年度灾害调查和灾害事件调查。收集历史高温发生时间、地点、强度、影响面积、持续时间、破坏状况等数据，以及历史高温造成的（直接或间接）经济损失等资料。

（4）其他：收集各乡镇行政区边界、地形地貌、遥感夜间灯光、植被、下垫面土地利用、地表温度（LST）、路网以及兴趣点（POI）等多源数据。收集评估区域最新的社会经济资料，包括各乡镇人口分布、耕地、城镇分布、GDP 等社会概况，农业、工矿企业、能源、医疗等行业数据，土地利用类型及面积等。基础地理信息数据、社会经济数据等详见附录。

5.1.2 致灾事件确定方法

根据《第一次全国自然灾害综合风险普查调查类技术规范（试点版）》推荐的高温灾害风险普查技术规范，为了突出持续时间对高温过程影响，将连续 3 d 及以上最高气温≥35 ℃作为一次高温过程，以出现高温日为开始日，最后一个高温日后一天为结束日。

5.1.3 致灾因子指标确定

根据《第一次全国自然灾害综合风险普查调查类技术规范（试点版）》推荐的华东区域参考列表，结合吴兴区的实际特点，综合确定了高温灾害的致灾因子。

致灾因子：高温过程平均最高气温、极端最高气温，平均过程持续日数，日间高温危险性、夜间高温危险性。

5.1.4 指标数据标准化处理

数据处理应遵循可比较原则，对各评估单元间的评估指标进行标准化处理，形成的标准化量值反映高温对评估因子在不同评估单元间的影响程度。标准化处理方法采用 max-min 标准化。max-min 标准化方法是对原始数据进行线性变换，将有量纲的数值经过变换，化为无量纲的数值，进而消除各指标的量纲差异。计算公式为：

$$X'=\frac{X-X_{\min}}{X_{\max}-X_{\min}} \tag{5.1}$$

式中，X'为归一化后的数据，X 为样本数据，$X_{\min}$为样本数据中的最小值，$X_{\max}$为样本数据中的最大值。

5.2 致灾危险性调查与评估

根据各地高温灾情记录的实际情况，基于气象资料判断高温灾害事件的发生强度、持续时间、影响范围等，根据高温致灾机理，确定高温的致灾因子。

5.2.1 基本气象特征分析

吴兴区国家气象站（站号：58450）35 ℃高温日数历年变化如图 5.1 所示，可以看出，吴兴区高温过程日数呈现波动变化的特点，整体上呈现逐渐增加的趋势。2013 年达到最大值，高达 51 d；1971 年次之，为 35 d；1957 年以来高温过程日数最低为 3 d，共有 7 年，分别为 2002 年、1991 年、1985 年、1980 年、1979 年、1976 年和 1968 年；1991—2020 年高温过程平均日数为 14.7 d。

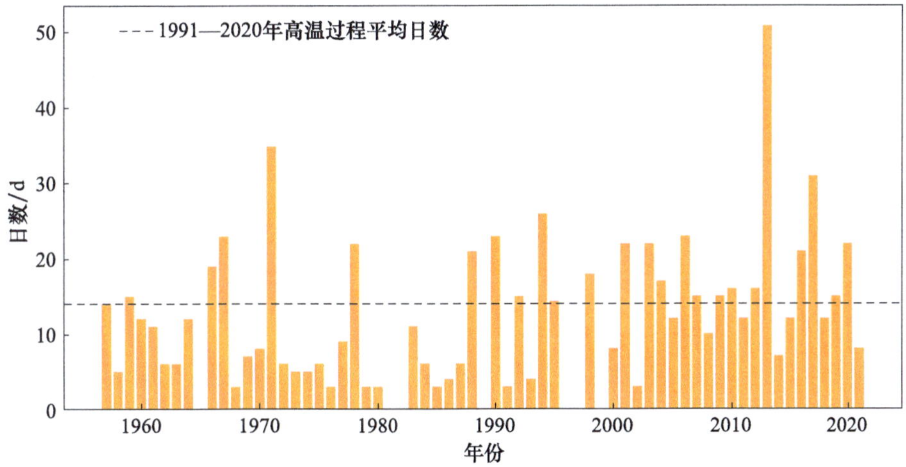

图 5.1 1957—2020 年湖州市吴兴区国家气象站(58450)35 ℃高温日数变化图

经统计分析，1957—2021 年湖州市吴兴区各区域站极端最高气温呈现动态波动增长的趋势，极端最高气温出现在 2013 年，高达 40.9 ℃；2017 年次之，为 40.7 ℃；极端最高气温最低温度出现在 1972 年，为 35.5 ℃；极端最高气温平均温度为 33.6 ℃(图 5.2)。

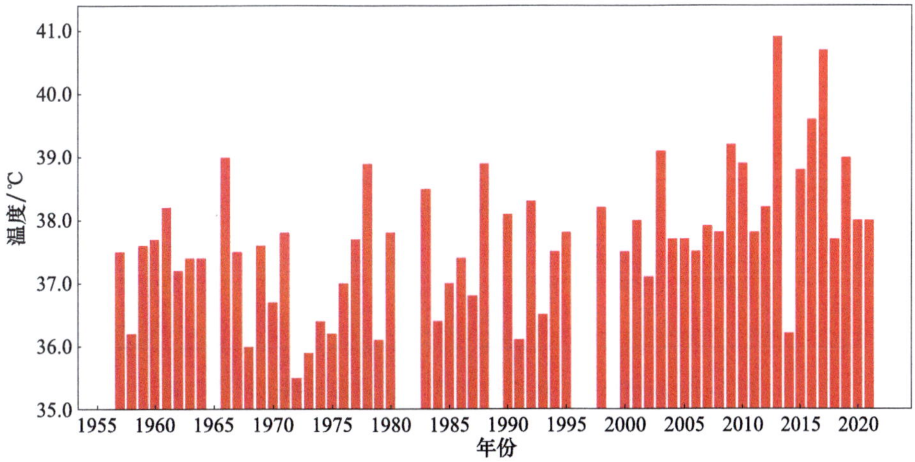

图 5.2 1957—2020 年湖州市吴兴区国家气象站(58450)年最高气温变化图

经统计分析，吴兴区最长连续高温日数变化趋势无明显规则，1988 年达到最高值，为 21 d。最长连续高温日数最低，为 5 d，共计有 11 年；1991—2020 年平均最长连续高温日数为 8.1 d(图 5.3)。

经统计分析，高温日数从 0 d 到 31 d 不等，整体呈越靠近中部的城区和河流，高温日数越多的趋势。高温日数最多出现在八里店镇、环渚街道、市中心街道、东林镇和埭溪镇一带，在 26 d 以上；其次是妙西镇和道场乡一带，在 11 d 以上；最低为埭溪镇西部(图 5.4)。

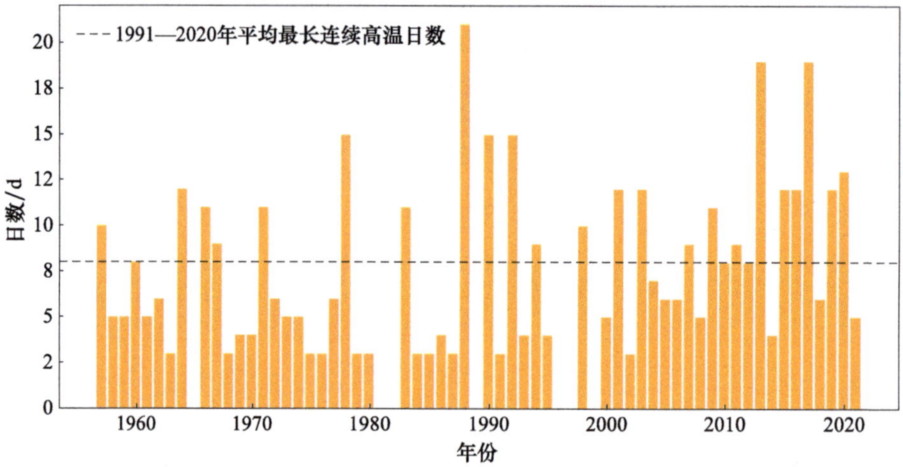

图 5.3　1957—2020 年湖州市吴兴区国家气象站(58450)最长连续高温日数变化图

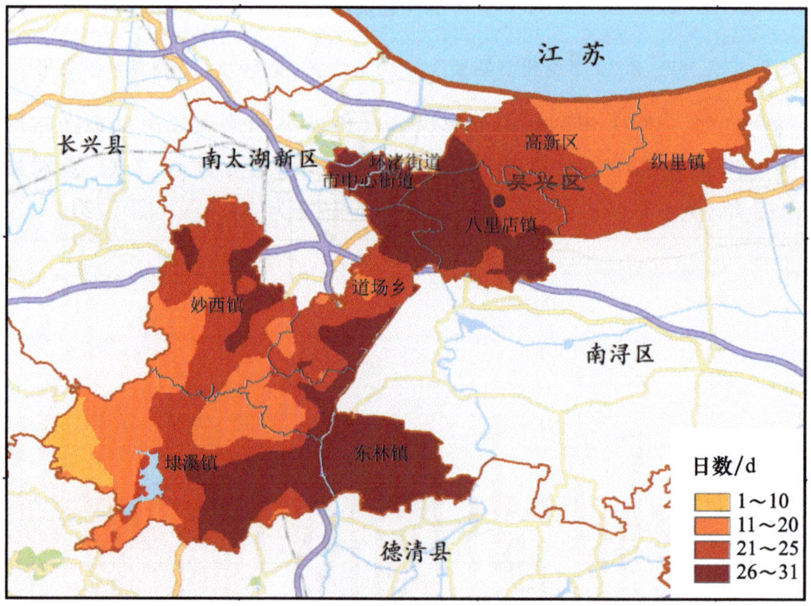

图 5.4　湖州市吴兴区年均 35 ℃以上高温日数空间分布图

经统计分析,吴兴区年均 38 ℃以上高温日数分布,与 35 ℃以上高温日数分布基本一致,呈越靠近中部的城市和河流,高温日数越多的趋势。高温日数最多的地方出现在八里店镇、环渚街道、市中心街道、东林镇和埭溪镇等区域,最高可达到 10 d;北部地区的高新区、织里镇和南部的埭溪镇西部出现高温日数最少,少于 2 d(图 5.5)。

吴兴区极端最高气温分布,整体呈中部和南部较高的趋势。大部分地区极端最高气温在 38 ℃以上,部分地区如八里店镇、环渚街道、市中心街道、东林镇和埭溪镇在 40 ℃以上,其中极端最高气温在 42 ℃以上,仅在埭溪镇西部的部分地区低于 38℃(图 5.6)。

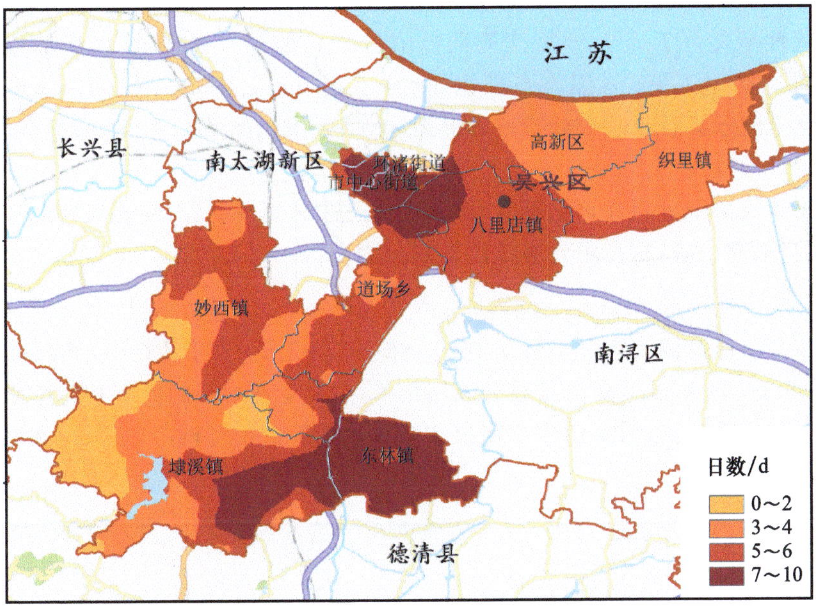

图 5.5 湖州市吴兴区年均 38 ℃以上高温日数分布图

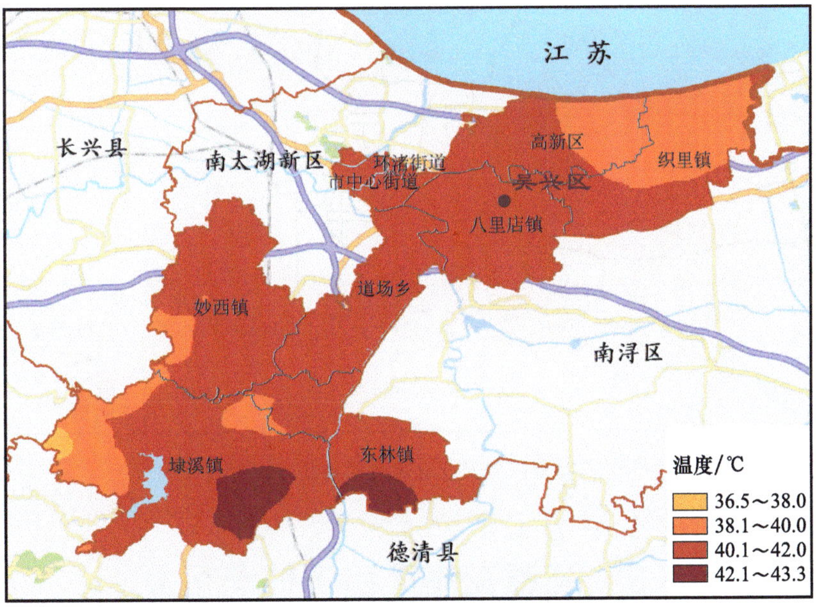

图 5.6 湖州市吴兴区极端最高气温分布图

5.2.2 致灾危险性评估与区划

5.2.2.1 方法概述

根据国家气象标准的定义，日最高气温 T_{max} 超过 35 ℃，称之为高温天气，因此 35 ℃被选为计算日间积温时每日最高气温 T_{max} 的阈值，并选择 26 ℃作为计算夜间积温时每日最低气温

T_{min}的阈值。将白天的高温危险性定义为T_{max}与35 ℃之间的差值的逐日累计值(H_{day}),将夜间的高温危险性定义为T_{min}与26 ℃之间的差值(H_{night})的逐日累计值,然后加总以计算综合的高温危险性。使用1 km气温格点数据,计算了夏季逐日的H_{day}和H_{night},并且重采样到CGCS2000地理坐标系下0.001°分辨率。最后,将每天累积的H_{day}和H_{night}进行等权重汇总,计算得到高温危险性指标。

高温灾害致灾因子危险性评估指数,综合考虑行政区划情况,对高温灾害的危险性进行空间划分,利用自然断点法,将高温灾害危险性划分为四级。

5.2.2.2　危险性区划

从湖州市吴兴区高温灾害危险性区划图分布图(图5.7)中可以看出,吴兴区高温灾害危险性和年均35 ℃、38 ℃以上高温日数分成正相关,主要呈现中部的城市和河流危险性较高的趋势,其中八里店镇、环渚街道、市中心街道和东林镇危险性相对较高,埭溪镇和妙西镇危险性相对较低。

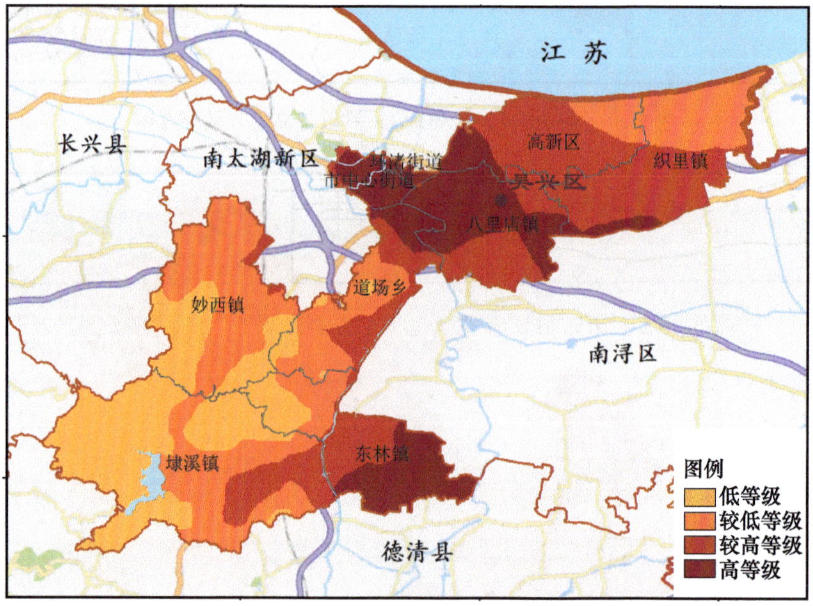

图5.7　湖州市吴兴区高温灾害危险性区划分布图

5.3　高温灾害风险评估与区划

根据社会经济状况及承灾体重要性,基于高温致灾强度,建立脆弱性评估模型,评估高温灾害脆弱性,对高温灾害的影响程度进行风险评估。依据风险评估结果,按照行政空间单元对风险评估结果进行空间划分。

5.3.1　承灾体暴露度评估

人口、经济承灾体暴露度评估详见附录2。

5.3.2 承灾体脆弱性评估

5.3.2.1 高温灾害人口脆弱性评估

高温灾害承灾体脆弱性评估主要考虑评估区域的社会和经济状况，分别选用人口、经济、医疗等作为脆弱性指标。通过结合分区或县级的7个关键人口和社会经济指标，包括年龄(≤14岁和≥65岁)、社会经济状况(融合人均GDP和15岁以上文盲率)、空调(每100户拥有量)和医疗机构床位率(每1000人)，计算了热脆弱性指数。

数据提取自第七次全国人口普查数据(2020年)和2018、2019、2020年浙江省及11个城市的统计年鉴。获取各乡镇行政单元的指标数值，对每个数据进行标准化处理后，利用等权重叠加法计算各评估单元的脆弱性指数值，指数值的大小即反映各评估单元脆弱性程度的高低。

5.3.2.2 高温灾害GDP脆弱性评估

假设经济综合脆弱性包含第一、第二、第三产业的经济脆弱性，且高温灾害在对第一产业造成的损失很大程度上来源于种植业，近似以研究区内种植业量与GDP的比值来表征第一产业经济脆弱性；假设高温灾害对第二、第三产业的影响主要来源于对劳动力主体的直接或间接影响产生，近似以该地区标准化人口密度表征来第二、第三产业经济脆弱性。

分别对GDP和人口这两个高温主要承灾体进行脆弱性评估，计算得到高温GDP承灾体脆弱性区划等级和高温人口承灾体脆弱性区划等级。

湖州市吴兴区高温灾害承灾体(GDP)脆弱性区划分布情况如图5.8所示，从图中可以看出，GDP脆弱性空间分布呈现城市中心低、城市边缘高的趋势，与GDP暴露度空间分布成相反的趋势，越远离城市中心的地区第一产业分布越广泛，人口越稀疏，脆弱性越强，在高温灾害冲击下越难恢复。其中吴兴区行政中心所在的八里店街道及其相邻的织里镇脆弱性最低，其余地区脆弱性与城市中心距离成正比。

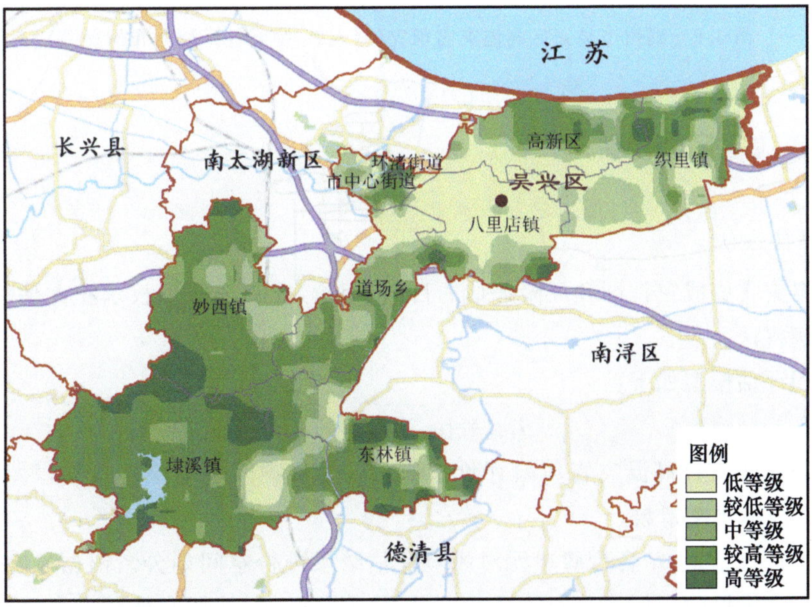

图5.8 湖州市吴兴区高温灾害承灾体(GDP)脆弱性区划分布情况图

5.3.2.3　高温灾害人口脆弱性区划

湖州市吴兴区高温灾害承灾体(人口)脆弱性区划如图5.9所示,由于人口脆弱性指标的数据由多项街道级别的统计数据计算而来,分布边界基本与街道行政区划相吻合。受到社会经济因素的影响,区域经济发展水平越高、文盲率越低、百户空调拥有率和千人医疗机构床位率越高,人们抵御高温灾害的能力也越强,因此人口脆弱性空间分布呈现城市中心较低、城市边缘较高的趋势。同时,由于老人(≥65岁)和儿童(≤14岁)面对高温灾害较为脆弱,因此若区域内老人和儿童占比较高,人口脆弱性也会较高。织里镇和东林镇的脆弱性最低,其余地区脆弱性与城市中心距离成正比。

图5.9　湖州市吴兴区高温灾害承灾体(人口)脆弱性区划分布情况图

5.3.3　高温灾害风险评估

5.3.3.1　评估方法

根据高温灾害的成灾特征和风险评估的目的、用途,推荐选择加权求积评估模型,权重确定方法采用熵权法。

加权求积评估模型如下:

$$I_{HRI}=I_{VH}\times I_{VSI}\times I_{VE} \tag{5.2}$$

式中,I_{HRI}为特定承灾体高温灾害风险评价指数,I_{VH}为致灾因子危险性指数,I_{VSI}为承灾体暴露度指数,I_{VE}为脆弱性指数。

根据风险评估结果,结合行政单元对风险评估结果进行空间划分。依据风险评估模型评估结果和高温灾害风险指标值分布特征,定义风险等级区间,使用自然断点分级法,将高温灾害风险按 5 级分区划分，即高风险区、较高风险区、中等风险区、较低风险区和低风险区，并绘制风险分布图，完成高温灾害风险区划。

根据《第一次全国自然灾害综合风险普查调查类技术规范（试点版）》推荐的华东区域参考列表及参考文献资料（罗晓玲 等，2016；何苗 等，2017；金星星 等，2018；陈凯 等，2019；付含聪 等，2020），将高温危险性区划、高温承灾体脆弱性区划、高温承灾体脆弱性区划利用加权求积评估模型进行计算，分别得到湖州市吴兴区高温灾害人口综合风险区划分布图（图 5.10）和湖州市吴兴区高温灾害 GDP 综合风险区划分布图（图 5.11）。

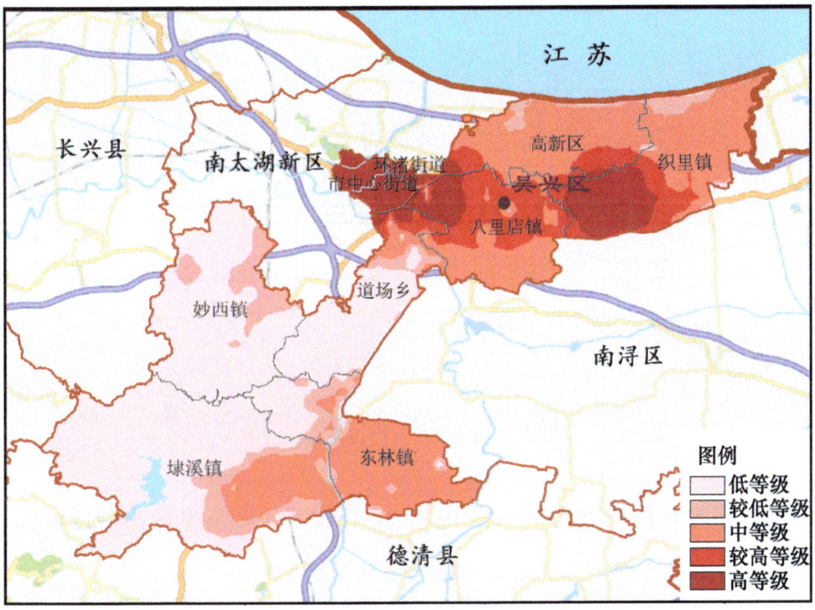

图 5.10 湖州市吴兴区高温灾害人口综合风险区划分布图

5.3.3.2 高温灾害人口风险评估与区划

湖州市吴兴区高温灾害人口综合风险区划分布（图 5.10）所示。空间分布呈现周边地区低、中部城市地区高的趋势，整体趋势受高温灾害人口暴露度空间分布和高温灾害危险性影响较大。其中吴兴区行政中心所在的八里店镇及其相邻的织里镇、环渚街道和市中心街道人口受灾综合风险最高，其余地区综合风险普遍较低。

5.3.3.3 高温灾害 GDP 风险评估与区划

湖州市吴兴区高温灾害 GDP 综合风险区划分布（图 5.11）所示。空间分布呈现周边地区低、中部城市地区高的趋势，整体趋势受高温灾害 GDP 暴露度空间分布影响和高温灾害危险性的影响都比较大。其中吴兴区行政中心所在的八里店镇及其相邻的织里镇、环渚街道和市中心街道 GDP 受灾综合风险最高，其余地区综合风险普遍较低。

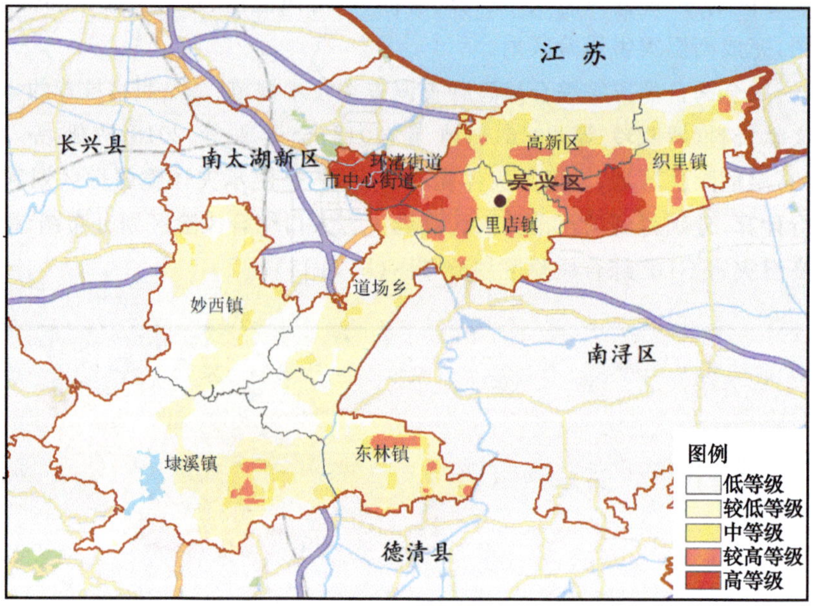

图 5.11 湖州市吴兴区高温灾害 GDP 综合风险区划分布图

5.4 历史主要高温灾害事件

表 5.1 为湖州市吴兴区极端最高气温在 38.0 ℃以上的高温事件出现的时间和地点。

表 5.1 极端最高气温极值表

站名	最高温度/℃	最高温度出现日期
钱山下	38.1	2020 年 8 月 16 日
升山	38.6	2020 年 8 月 15 日,2020 年 8 月 16 日
梁希公园	40.1	2019 年 7 月 30 日
濮娄	39.5	2017 年 7 月 21 日
五星	41.7	2017 年 7 月 23 日
文苑小学	42.1	2017 年 7 月 23 日
飞英	43.5	2017 年 7 月 23 日
山宕	39.1	2016 年 7 月 6 日,2017 年 7 月 25 日
妙西	43.0	2013 年 8 月 11 日
梅峰	42.7	2013 年 8 月 9 日,2017 年 7 月 25 日
二中	43.1	2013 年 8 月 9 日
湖州	40.9	2013 年 8 月 8 日
八里店	42.5	2013 年 8 月 8 日
新世纪	42.1	2013 年 8 月 8 日
织里	41.6	2013 年 8 月 8 日

续表

站名	最高温度/℃	最高温度出现日期
埭溪	43.8	2013 年 8 月 7 日
乔溪	43.1	2013 年 8 月 7 日
东林	42.6	2013 年 8 月 7 日
道场	42.6	2013 年 8 月 7 日
幻娄	40.0	2005 年 7 月 3 日,2017 年 7 月 23 日

第6章 低温

冬半年极地南下的强冷空气造成的低温冷害经常危害吴兴区农业、通信电力和交通运输，造成国民经济的损失，所以低温是南太湖新区冬春常见的灾害性天气。低温灾害常具有气温低、降温幅度大、日照时间短等特点，种类繁多。本报告中低温灾害主要对冷空气、霜冻、倒春寒和低温阴雨寡照 4 类灾害进行分析。

6.1 调查方法及调查资料

6.1.1 资料来源

(1)气象资料：吴兴区代表气象站(站号：K5130)由于建站较晚，低温灾害测序列较短，故低温灾害的统计数据参考南太湖新区国家气象站(站号：58450)的数据。收集了南太湖新区国家气象站 1957—2020 年气象监测数据。气象要素包括日平均气温(T_Day_Mean)、日最低气温(T_Day_Min)、日白天降水量(Rx08_20)、日夜间降水量(Rx20_08)、日降水量(Rx_Day)、日积雪深度(Z_Depth)、日平均风速(F_Day_Mean)、日最大风速(F_Day_Max_Speed)、日最大风速风向(F_Day_Max_Dir)、日日照时数(S)、日最低地表温度(D0_Day_Min)、天气现象码(weatherCode)等资料。以上数据作为青田县气候时序图分析的主要数据源。

收集了吴兴区周边地区的国家气象站 1957—2020 年和乡镇代表站 2004—2020 年数据。以上数据主要用于分析吴兴区低温类灾害的空间分布。

(2)其他：基础地理信息、社会经济数据等详见附录。

低温灾害调查数据类完成情况：根据《中国气象局低温灾害调查与风险评估技术规范(灾害调查类)》和《浙江省气象灾害综合风险普查与评估技术细则》，吴兴区代表气象站由于建站较晚，低温灾害观测序列较短，故低温灾害的统计数据参考南太湖新区国家气象站的数据。收集了南太湖新区国家气象站 1957—2020 年气象监测数据，经调查和地市、省、国家三级审核，完成了吴兴区低温类调查表格 4 张，统计分析数据包括冷空气 370 条、霜冻 893 条、倒春寒 62 条和低温阴雨寡照 513 条，统计物理量包括冷空气持续时间、冷空气最大降温幅度、冷空气过程平均最低气温、霜冻持续时间、霜冻期平均气温、低温寡照过程日平均气温、低温寡照过程平均日照时数等。

6.1.2 致灾事件确定方法

参考《浙江省气象灾害调查与风险评估实施技术细则》，结合吴兴区的实际特点，确定了冷空气、霜冻、倒春寒、低温阴雨寡照 4 种低温灾害类型。致灾事件的确定方法如下：

(1)冷空气(寒潮)：冷空气过程识别方法依据《冷空气过程监测指标》(QX/T 393—2017)，单站出现中等强度以上冷空气(48 h 降温幅度≥6 ℃)，持续两日及以上 24 h 不升温，判定为出现一次冷空气过程。该研究范围内，若 48 h 降温幅度<8 ℃，为中等强度冷空气级别(对应《冷空气等级》(GB/T 20484—2017)中"较强冷空气"等级的冷空气，以及《冷空气过程监测指标》(QX/T 393—2017)中"中等强度冷空气"等级的冷空气)；若 48 h 降温幅度≥8 ℃，则为强冷空气及以上级别。监测区域内≥20%的监测站点出现中等以上强度的单站冷空气，则记为一次区域性冷空气过程。满足冷空气过程判定条件的首日为冷空气过程开始日，满足冷空气过程判定条件的最后一日为冷空气过程结束日。(参照《冷空气过程监测指标》QX/T 393—2017 冷空气过程监测指标)

注意：

① 降温幅度：指日最低气温的降温幅度(降温为正，升温为负)。

② 首日判定：满足 48 h 降温幅度≥6 ℃的当天定为首日。

③ 持续日判定：24 h 不升温(24 h 降温幅度≥0 ℃，或 24 h 变温≤0 ℃)。

④ 结束日判定：48 h 降温幅度<6 ℃且 24 h 降温幅度≤0 ℃，即判定冷空气过程已结束，前一日为冷空气过程的结束日。

(2)霜冻：参照《中国灾害性天气气候图集》，日最低气温≤2 ℃作为霜冻指标。

(3)倒春寒：4 月 1 日后连续 2 日平均气温≤11 ℃为一次倒春寒过程，满足倒春寒过程判定条件的首日为倒春寒过程开始日，满足倒春寒过程判定条件的最后一日为倒春寒过程结束日。

(4)低温阴雨寡照：依据《早稻播种育秧期低温阴雨等级》(QX/T 98—2008)，日平均气温<12 ℃，持续三日及以上，过程平均日照时数<3 h 为一次低温阴雨寡照过程，满足低温阴雨寡照过程判定条件的首日为低温阴雨寡照过程开始日，满足低温阴雨寡照过程判定条件的最后一日为低温阴雨寡照过程结束日。

6.1.3 危险性指标确定

根据上述低温过程定义和收集到的气象监测资料，确定吴兴区 1957—2020 年的低温灾害过程，并计算得到历次过程的各致灾因子：如过程持续时间，过程平均气温和过程极端最低气温、过程平均最低气温、过程最大降温幅度、过程平均日照时数、过程累积降水量等。具体如表 6.1 所示。

表 6.1 低温灾害致灾因子

低温灾害类型	危险性指标
冷空气(寒潮)	冷空气持续时间、过程最大降温幅度、过程极端最低气温等
霜冻	霜冻日数、霜冻期平均气温、霜冻期平均最低气温等

续表

低温灾害类型	危险性指标
倒春寒	过程平均气温、过程持续日数等
低温阴雨寡照	持续时间、过程日平均气温、过程平均日照时数、过程累积降水量等

6.2 致灾危险性调查与评估

6.2.1 基本气象特征分析

对各低温灾害过程进行时间序列分析，包括各灾种发生频数的年际变化、年代际变化和季节变化，以及各灾种致灾因子的年际变化等。

6.2.1.1 冷空气

吴兴区 1957—2020 年冷空气过程 48 h 降温幅度极大值如图 6.1 所示。冷空气发生频数分布在 0～11 次，年均 5.8 次；1957 年发生频数最多，为 11 次，1960 年次之，为 10 次；1975 年发生频数最少，未曾发生冷空气；1977 年、1983 年、1991 年和 2000 年次之，为 2 次。

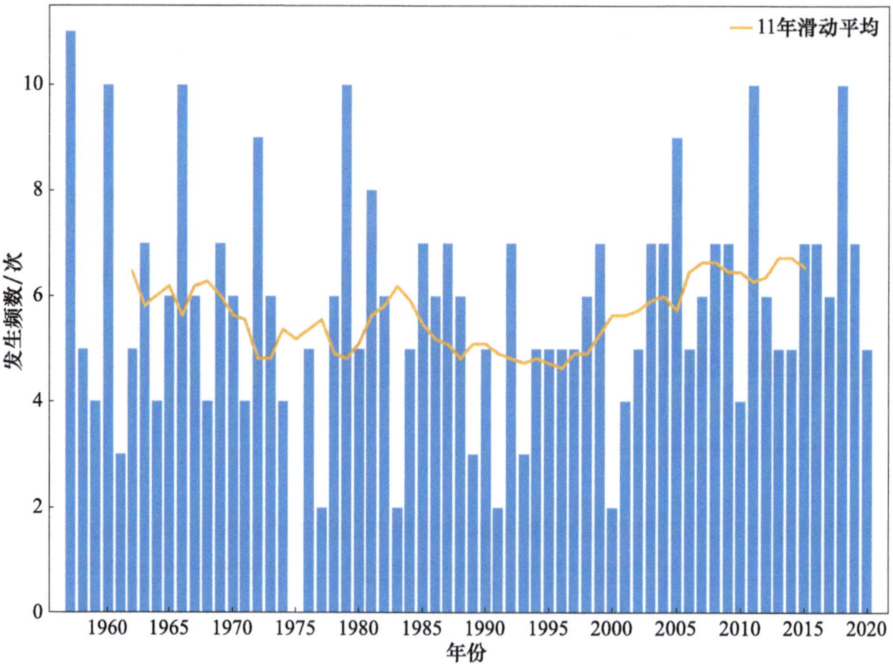

图 6.1　1957—2020 年南太湖新区国家气象站冷空气过程 48 h 降温幅度极大值年际变化图

吴兴区冷空气过程日最低气温极小值年际变化如图 6.2 所示。1969 年日最低气温极值最低，为－11.1 ℃；1957 年次之，为－9.5 ℃；1973 年日最低气温极值最高，为 0.9 ℃；1994 年次之，为－0.8 ℃。

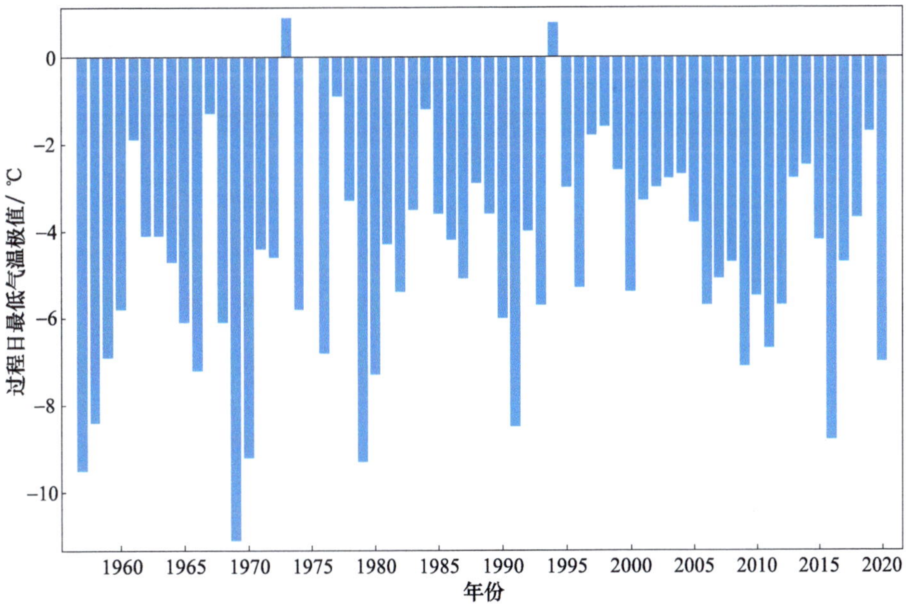

图 6.2 1957—2020 年南太湖新区国家气象站冷空气过程日最低气温极小值年际变化图

吴兴区冷空气致灾因子(最大 48 h 降温幅度、极端最低气温)的历年极值空间分布如图 6.3所示。冷空气过程最大 48 h 降温幅度历年最大值如图 6.3 所示,空间分布呈现出南部大、北部小的趋势,其中埭溪镇降温幅大,含有一个降温幅度峰值圈,市中心街道、环渚街道、织里镇降温幅度较小,其余地区降温幅度中等偏低。

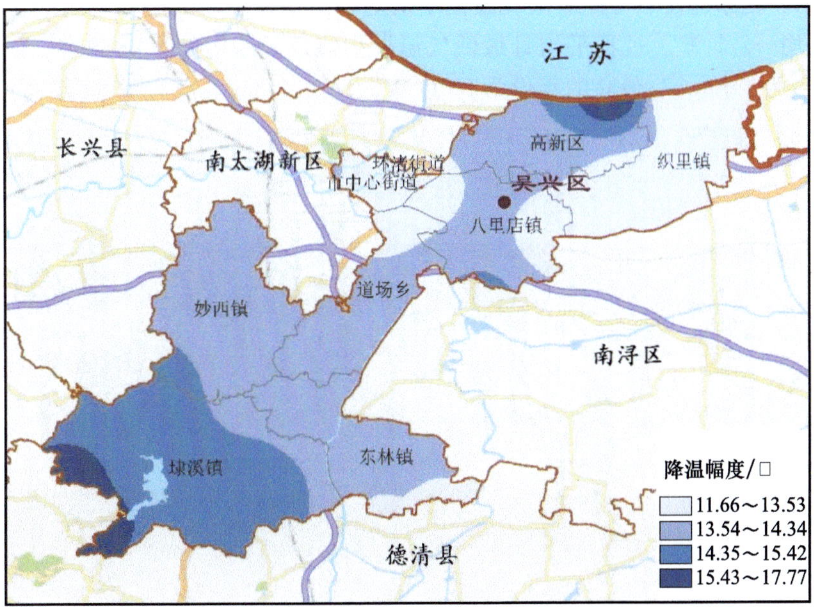

图 6.3 吴兴区冷空气过程最大 48 h 降温幅度历年最大值分布图

冷空气过程极端最低气温历年最小值如图 6.4 所示，空间分布呈现出北部气温高、南部气温低的趋势，其中妙西镇、埭溪镇一带最低气温低，市中心街道、环渚街道、八里店镇、高新区、织里镇最低气温较高，其余地区最低气温处于中等水平。

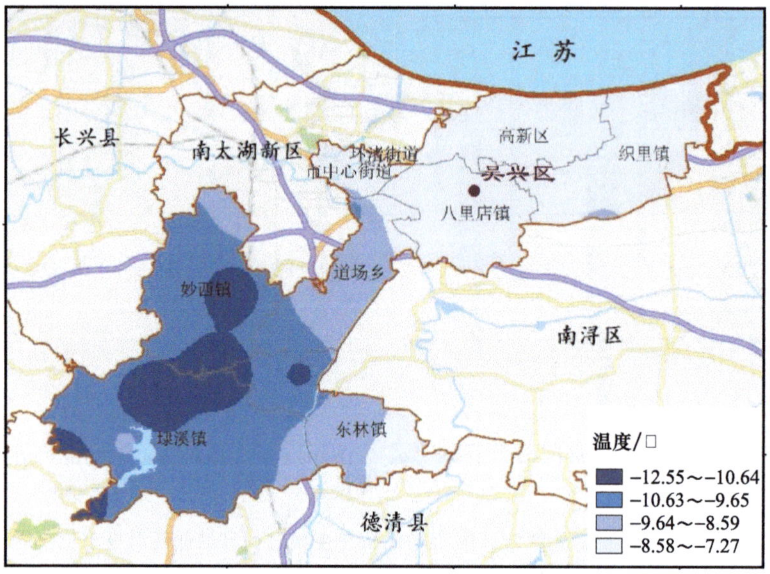

图 6.4　吴兴区冷空气过程极端最低气温历年最小值分布图

6.2.1.2　霜冻

吴兴区代表气象站由于建站较晚，低温灾害观测序列较短，故低温灾害的统计数据参考南太湖新区国家气象站的数据。吴兴区 1957—2020 年霜冻过程平均日最低气温极小值年际变化如图 6.5 所示。霜冻过程平均日最低气温极小值呈现周期性波动的趋势，变化范围在 −4.1～−0.9 ℃，年均 −2.5 ℃。过程平均日最低气温极小值最低的年份为 1969 年，为 −4.1 ℃；其次为 2020 年，为 −3.9 ℃；最高的年份为 1994 年，为 −0.9 ℃；其次为 1989 年，为 −1 ℃。

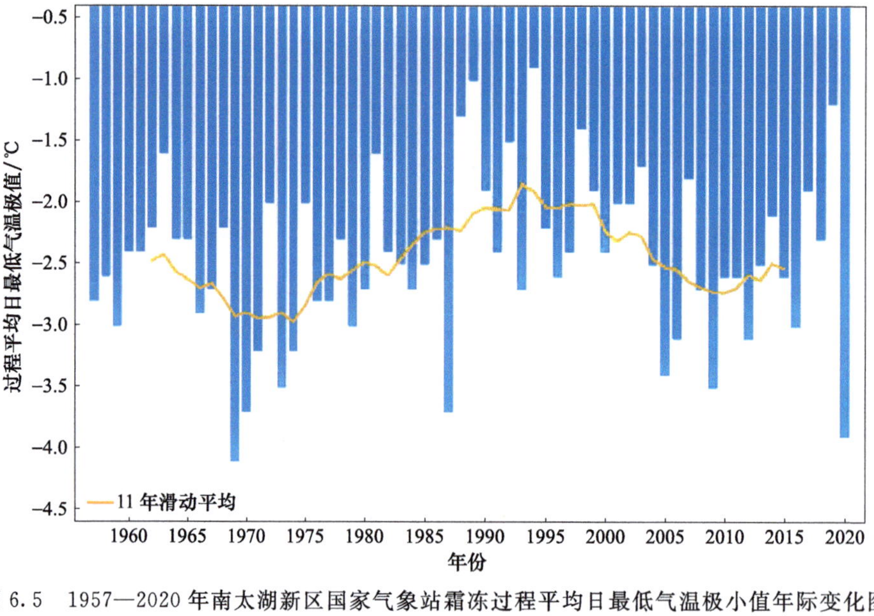

图 6.5　1957—2020 年南太湖新区国家气象站霜冻过程平均日最低气温极小值年际变化图

吴兴区霜冻过程持续时间极大值年际变化如图 6.6 所示。霜冻过程持续时间极大值呈现下降趋势，2015 年过程持续时间最短，为 5 d；1963 年、1988 年、2017 年、2020 年次之，为 6 d；1962 年过程持续时间最长，为 48 d；1984 年次之，为 31 d。

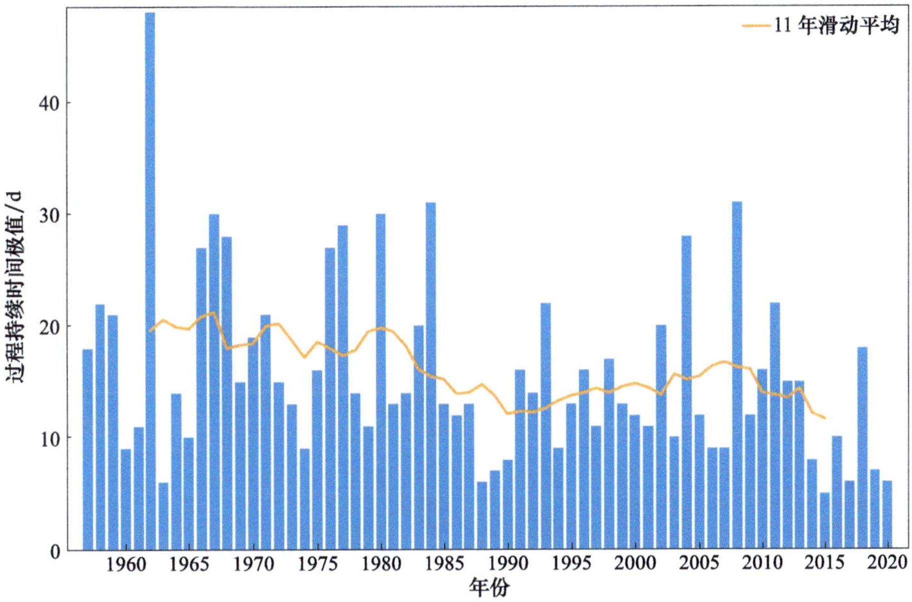

图 6.6　1957—2020 年南太湖新区国家气象站霜冻过程持续时间极大值年际变化图

吴兴区霜冻致灾因子霜冻期日平均气温历年最小值如图 6.7 所示，空间分布呈现出西南部气温低、东北部气温高的趋势，其中埭溪镇、妙西镇最低气温偏低，含有一个极值圈，高新区、织里镇、环渚街道、八里店镇一带最低气温较高，其余地区最低气温普遍为中高水平。

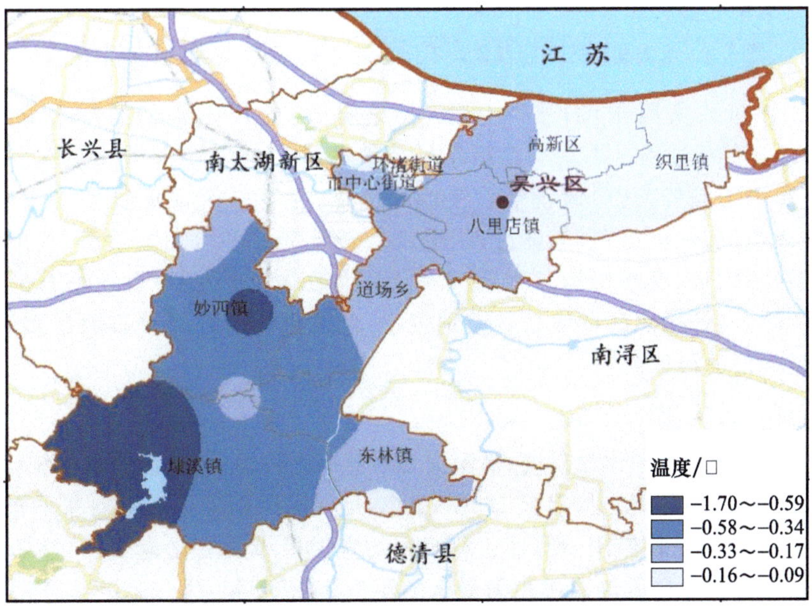

图 6.7　吴兴区霜冻期日平均气温历年最小值空间分布图

6.2.1.3　倒春寒

吴兴区代表气象站由于建站较晚，低温灾害观测序列较短，故低温灾害的统计数据参考南太湖新区国家气象站的数据。吴兴区 1957—2020 年不同等级倒春寒发生频数的年代际变化如图 6.8 所示。等级划分依据为 6.2.2.1 节中倒春寒的危险性指标计算方法和表 6.2 低温灾害危险性等级划分标准。1957—2020 年共出现 62 次倒春寒，年均 1 次；其中，中危险性以上倒春寒共出现 34 次，占总数的 54.8%。倒春寒各年代发生总频数和各等级的发生频数均呈现下降趋势，其中 20 世纪 90 年代以前为相对偏多期，共发生频次为 52 次，各年代发生频数平均为 1 次；21 世纪后为偏少期，各年代发生频数平均为 0.5 次。

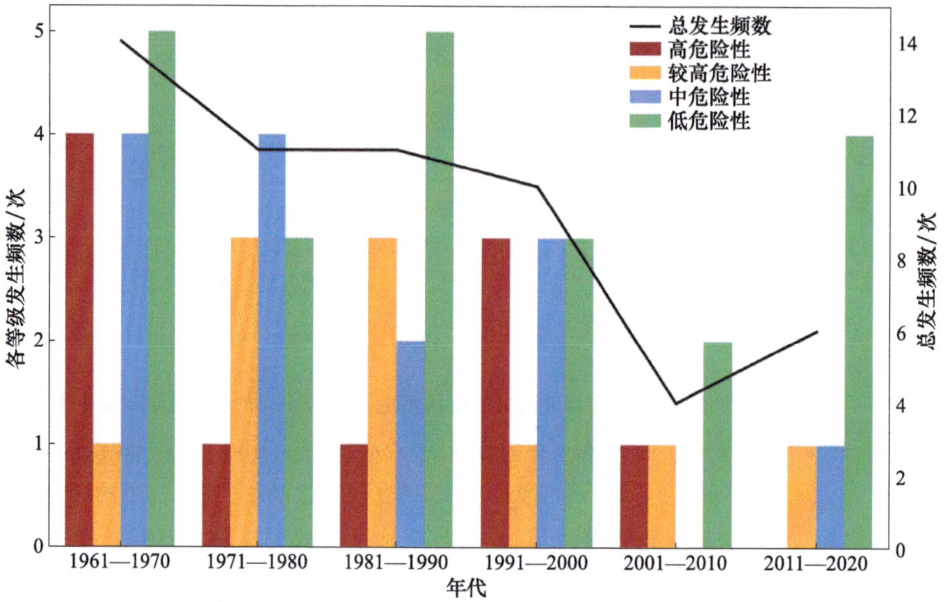

图 6.8　南太湖新区国家气象站不同等级倒春寒发生频数年代际变化图

吴兴区倒春寒致灾因子（日平均气温、持续日数）的历年极值空间分布如图 6.9 和图 6.10所示。倒春寒过程日平均气温历年最小值见图 6.9，其空间分布呈现出西南部气温低、东北部气温高的趋势，其中埭溪镇日平均气温低，含有一个最低日平均气温极值圈，市中心街道、环渚街道、八里店镇、高新区、织里镇一带最低日平均气温最高，其余地区最低日平均气温普遍较高。倒春寒持续日数历年最大值如图 6.10 所示，空间分布呈现出全区持续日数较多的特点，各行政区持续日数差别较小，仅埭溪镇南部持续日数最多，含有一个持续日数历年最大值的极值圈。

6.2.1.4　低温阴雨寡照

吴兴区代表气象站由于建站较晚，低温灾害观测序列较短，故低温灾害的统计数据参考南太湖新区国家气象站的数据。吴兴区 1957—2020 年低温阴雨寡照过程日平均气温极小值年际变化如图 6.11 所示。低温阴雨寡照过程日平均气温极小值变化范围在 −1.2～7.4 ℃，年均 2.7 ℃。过程平均日最低气温极小值最低的年份为 1980 年，为 −1.2 ℃，其次是 1959 年，为 −0.9 ℃；最高的年份为 2019 年，为 7.4 ℃，其次为 2000 年，为 6.3 ℃。

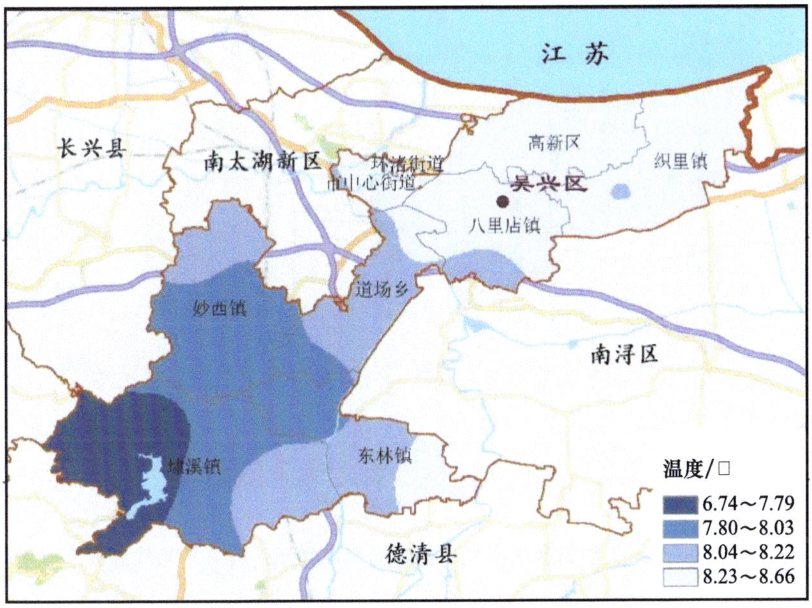

图 6.9 吴兴区倒春寒过程日平均气温历年最小值空间分布图

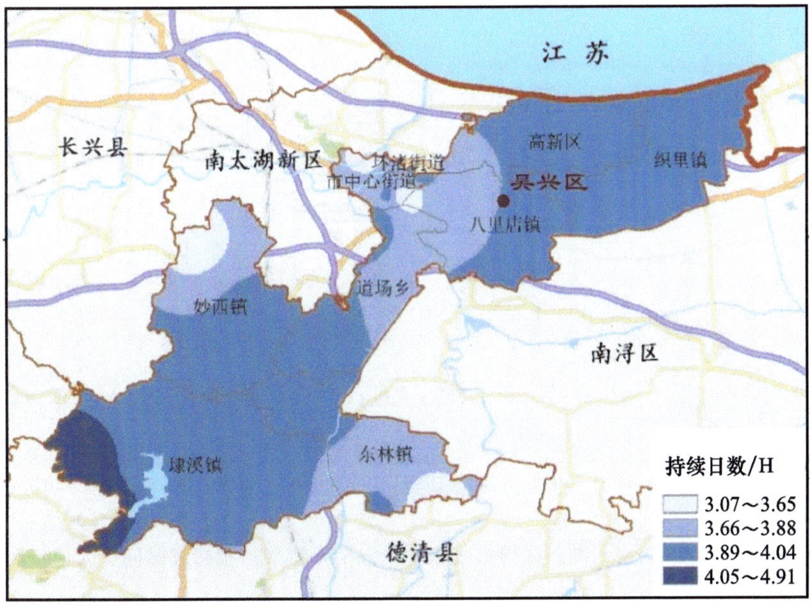

图 6.10 吴兴区倒春寒持续日数历年最大值空间分布图

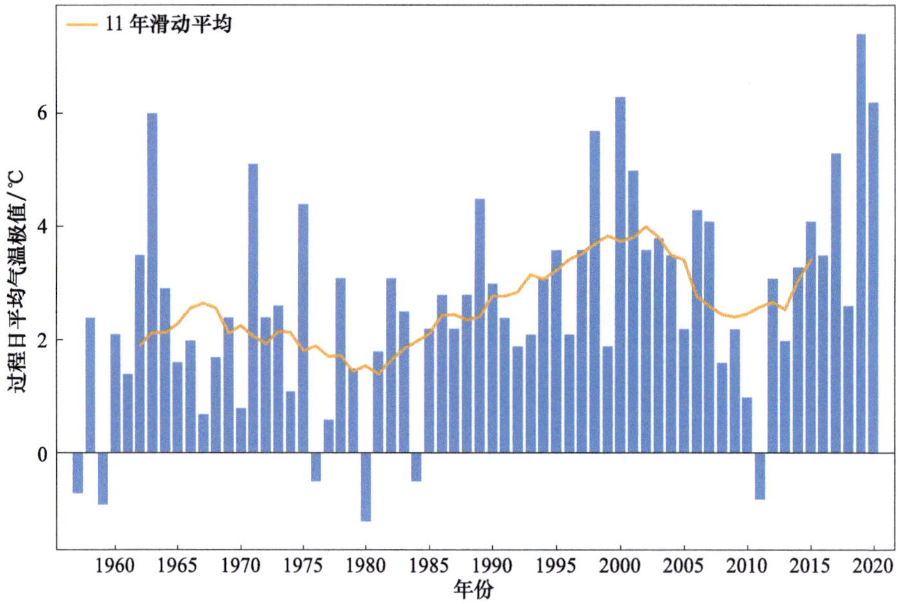

图 6.11　1957—2020 年南太湖新区国家气象站低温阴雨寡照过程日平均气温极小值年际变化图

吴兴区低温阴雨寡照过程续时间极大值如图 6.12 所示。2018 年过程持续时间最长，为 96 d；1999 年次之，为 83 d。

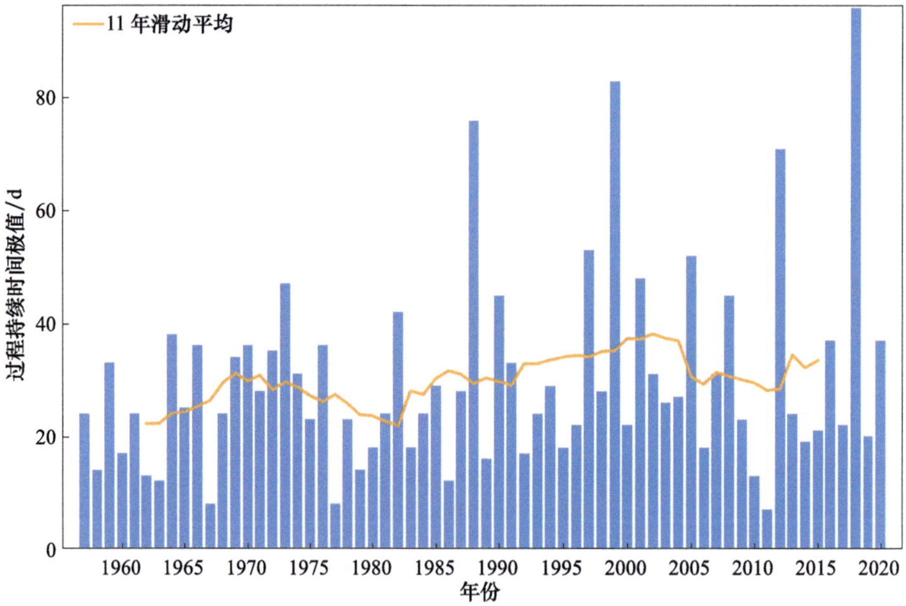

图 6.12　1957—2020 年南太湖新区国家气象站低温阴雨寡照过程持续时间极大值年际变化图

吴兴区低温阴雨寡照过程累积降水量历年最大值如图 6.13 所示，其空间分布呈现出西南部降水量大、东北部降水量小的特点，其中妙西镇、埭溪镇降水量大，织里镇、市中心街道、环渚街道、道场乡降水量小，其余地区降水量偏高。

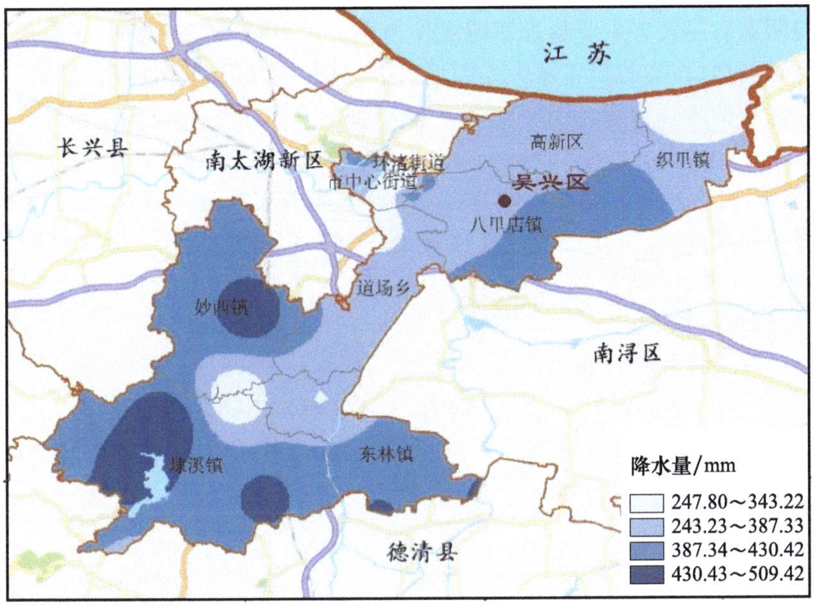

图 6.13 吴兴区低温阴雨寡照过程累积降水量历年最大值空间分布图

6.2.2 致灾危险性区划与评估

6.2.2.1 方法概述

基于各类型低温灾害危险性评估结果，综合考虑行政区划（或气候区、流域等），并根据《寒潮等级》（GB/T 21987—2017）对低温灾害危险性进行基于空间单元的划分，得到各类低温灾害的致灾危险性区划。

（1）冷空气

以过程持续时间、48 h 变温和日最低气温为主要因子，构建冷空气危险性指标如下：

$$H_{cold}=A\times D_{cold}+B\times \mathrm{Max}\Delta T+C\times ET_{min} \tag{6.1}$$

式中，H_{cold} 为冷空气危险性指数，D_{cold}、$\mathrm{Max}\Delta T$、ET_{min} 分别为归一化的持续时间、过程 48 h 变温极值、归一化的过程日最低气温极值。A、B、C 为权重系数，分别为 0.1、0.5、0.4。

（2）霜冻

$$H_{frost}=A\times D_{frost}+B\times T_{ave}+C\times AT_{min} \tag{6.2}$$

式中，H_{frost} 为霜冻危险性指数，D_{frost}、T_{ave}、AT_{min} 分别是归一化后的三个致灾因子指数。A、B、C 为权重系数，分别为 0.4、0.3、0.3。

（3）倒春寒

以过程平均气温和持续日数为主要因子，构建指标如下：

$$I_{CS}=A\times T_A+B\times D_S \tag{6.3}$$

式中，I_{CS} 为倒春寒危险性指数，T_A 为归一化的过程平均气温，D_S 为归一化的过程持续日数。A、B 为权重系数，分别为 0.6528、0.3472。

(4)低温阴雨寡照

由于低温阴雨寡照灾害主要通过影响农作物光合作用而影响其生产，一般地，低温阴雨寡照持续时间越长，对农作物的损害越大。因而，选择满足定义限制条件下持续时间以及发生频次作为灾害危险性的表征指标。

$$H_{lowT}=A\times D_{lowT}+B\times PAS+C\times T_{ave}+D\times PAP \tag{6.4}$$

式中，H_{lowT}为低温阴雨寡照危险性指数，D_{lowT}为归一化的灾害过程持续时间，PAS为归一化的过程平均日照时数，T_{ave}为归一化的过程日平均气温，PAP为归一化的过程累积降水量。A、B、C、D为权重系数，分别为0.4、0.2、0.2、0.2。

(5)综合致灾危险性

低温灾害危险性计算公式如下：

$$H=A\times H_{cold}+B\times H_{frost}+C\times H_{VH}+D\times H_{lowT} \tag{6.5}$$

式中，H为低温灾害综合危险性指数。其中，H_{cold}、H_{frost}、H_{VH}、H_{lowT}为归一化后指数。A、B、C、D为权重系数，分别为0.25、0.25、0.25、0.25

(6)标准化方法

利用危险性指标，构建各子灾种危险性指数。鉴于各评价因子单位不同，为了消除各指标的量纲和数量级的差异，需要对每一个因子进行规范化处理。其中，对于正向因子(即，该指标与危险性指数呈同向变化，如冷空气持续时间、过程最大降温幅度)，归一化处理方案为：

$$x'=\frac{x-x_{min}}{x_{max}-x_{min}} \tag{6.6}$$

对于反向因子(即，该指标与危险性指数呈返向变化，如过程极端最低气温)，归一化处理方案为：

$$x'=\frac{x_{max}-x}{x_{max}-x_{min}} \tag{6.7}$$

式中，x'为归一化后的数据，x为样本数据，x_{min}为样本数据中的最小值，x_{max}为样本数据中的最大值。

根据低温灾害危险性指标值分布特征，使用标准差、自然断点法等方法，将低温灾害危险性分为4级(表6.2)。

表6.2 低温灾害危险性等级划分标准

等级值	等级名称	标准
1	高危险性	$H\geqslant ave+\sigma$
2	较高危险性	$ave+0.5\sigma\leqslant H<ave+\sigma$
3	中危险性	$ave-0.5\sigma\leqslant H<ave+0.5\sigma$
4	低危险性	$H<ave-0.5\sigma$

表6.2中，H为危险性指标值，ave为区域内非0危险性指标值均值，σ为区域内非0危险性指标值标准差。

6.2.2.2 霜冻危险性区划

吴兴区霜冻危险性分布如图6.14所示。霜冻危险性空间分布呈现出西南部高、东北部低的特点，其中埭溪镇、妙西镇、东林镇危险性最高，含有一个危险性高值圈，市中心街道、环渚街道、八里店镇、高新区西南部、织里镇一带危险性低，其余地区危险性普遍偏低。

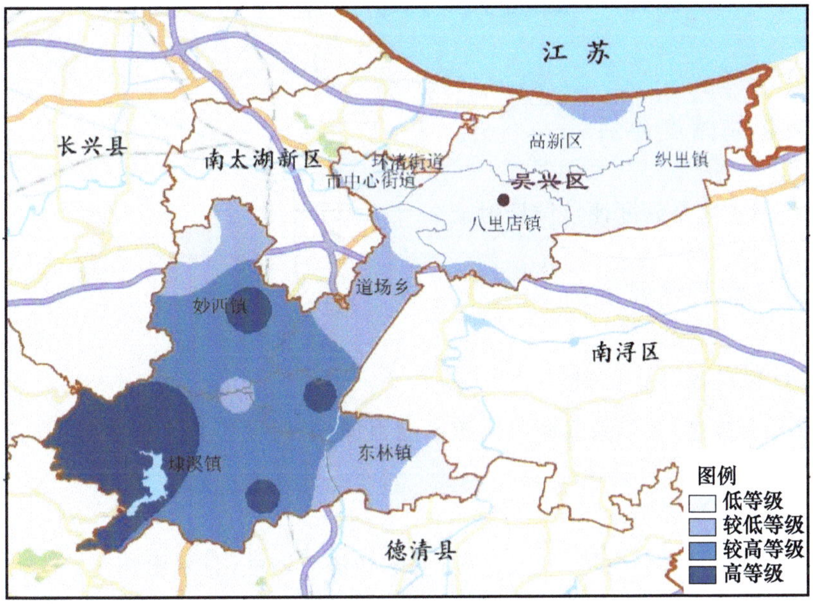

图 6.14 吴兴区霜冻危险性空间分布图

6.2.2.3 综合致灾危险性

吴兴区低温综合致灾危险性分布如图 6.15 所示。其空间分布呈现出南部危险性高、东部危险性低的趋势，其中埭溪镇危险性最高，形成两个危险性高值圈，市中心街道、环渚街道、织里镇危险性较低，其余地区危险性普遍偏低。

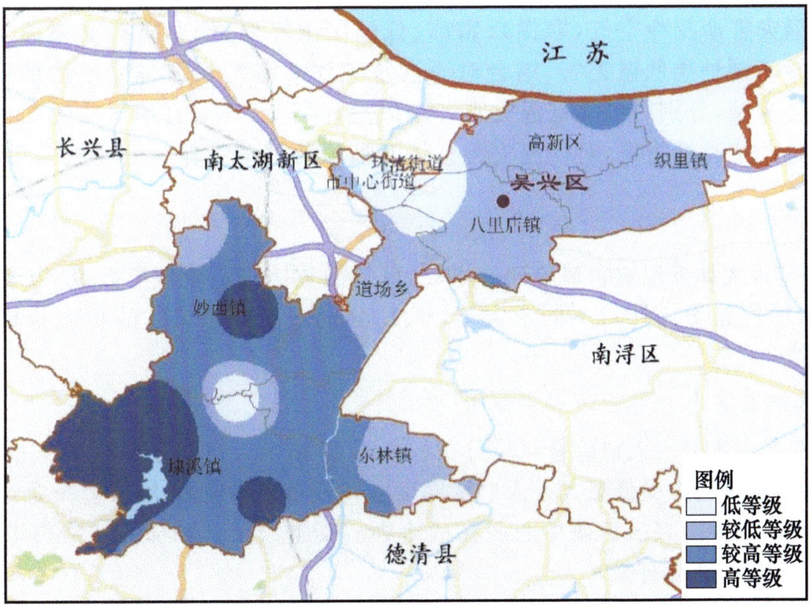

图 6.15 吴兴区低温综合致灾危险性空间分布图

6.3 低温灾害风险评估与区划

6.3.1 承灾体暴露度评估

人口、经济承灾体暴露度评估详见附录 2。

6.3.2 承灾体脆弱性评估

6.3.2.1 人口脆弱性评估区划

随着社会经济发展，人们对暴雨灾害防御能力加强，假设各类人群在当前防御水平下，脆弱性均一，权重均一，即 V_{pop} 为 1。

6.3.2.2 经济脆弱性评估方法

假设经济综合脆弱性包含第一、二、三产业的经济脆弱性，且暴雨在对第一产业造成的损失很大程度上来源于种植业，近似以研究区内种植业量与 GDP 的比值来表征第一产业经济脆弱性。假设灾害对第二、三产业的影响主要来源于对劳动力主体的直接或间接影响，近似以该地区标准化人口密度来表征第二、三产业经济脆弱性。具体公式见 3.3.2.2 节。

6.3.3 风险评估

6.3.3.1 方法概述

由于低温灾害涉及冷空气(寒潮)、霜冻、低温阴雨寡照、倒春寒等灾害类型，根据本地实际情况选择不同种类低温灾害，结合对不同承灾体暴露度和脆弱性评估结果，基于低温灾害风险评估模型，分别对各类低温灾害开展风险评估工作，同时基于前述的计算，考虑各类型低温灾害的危险性指数，对低温灾害整体开展风险评估工作。低温灾害风险评估模型如下：

$$R=H\times V\times E \tag{6.8}$$

式中，R 为特定承灾体低温灾害风险评价指数，H 为致灾因子危险性指数，E 为承灾体暴露度指数，V 为脆弱性指数。针对不同承灾体，V、E 分别用不同承灾体的相应指标 V_{GDP}、V_{pop}、E_{GDP}、E_{pop}代替。

6.3.3.2 低温灾害人口风险评估与区划

吴兴区低温灾害受灾人口综合风险分布如图 6.16 所示。空间分布呈现周边地区低、城市中心高的趋势，整体趋势受低温灾害人口暴露度空间分布影响最大，城市边缘受到低温综合致灾危险性影响。其中吴兴区行政中心所在的市中心街道以及其相邻的环渚街道综合风险最高，其余地区综合风险普遍偏低。

6.3.3.3 经济低温灾害风险区划

吴兴区低温灾害 GDP 综合风险分布如图 6.17 所示。空间分布呈现周边地区低、城市中心高的趋势，整体趋势受低温灾害GDP脆弱性、低温综合致灾危险性空间分布影响最大，城市边缘受到低温灾害GDP暴露度影响。其中吴兴区行政中心所在的市中心街道以及环渚街道综合风险最高，其余地区综合风险较低。

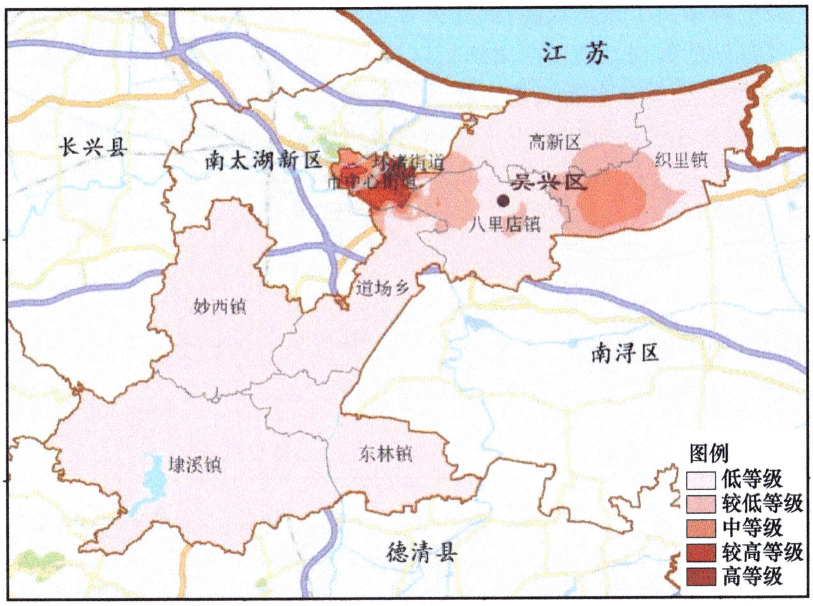

图6.16 吴兴区低温灾害受灾人口综合风险空间分布图

图6.17 吴兴区低温灾害GDP综合风险空间分布图

6.4 历史主要低温灾害事件

吴兴区代表气象站由于建站较晚，低温灾害观测序列较短，故低温灾害的统计数据参考南太湖新区国家气象站的数据。利用南太湖新区国家气象站的致灾事件数据，根据 6.2.2.1 中的致灾危险性评估方法，计算各类低温灾种的危险性指标，并对致灾事件进行等级划分。根据危险性指标排序，遴选出各灾种历史上十次相对较严重的灾害过程，并给出各次过程的气象统计特征值。

6.4.1 冷空气

利用南太湖新区国家气象站遴选出 1957—2020 年吴兴区历史上十次相对较严重的冷空气灾害过程，表 6.3 为各次冷空气过程的气象统计特征值。

表 6.3 1957—2020 年吴兴区主要冷空气事件

序号	开始时间（年-月-日）	结束时间（年-月-日）	冷空气持续时间/d	48 h 变温极值/℃	过程极端最低气温/℃	等级
1	2020-12-29	2021-01-01	4	−7.5	−7.0	高危险性
2	2007-12-30	2008-01-03	5	−7.1	−5.1	高危险性
3	1991-12-26	1991-12-30	5	−8.3	−8.5	高危险性
4	1987-11-27	1987-12-02	6	−13.7	−3.1	高危险性
5	1979-01-30	1979-02-01	3	−8.8	−9.3	高危险性
6	1976-12-25	1976-12-28	4	−12.6	−6.8	高危险性
7	1970-01-04	1970-01-06	3	−13.8	−9.2	高危险性
8	1969-01-28	1969-02-01	5	−10.7	−6.0	高危险性
9	1969-02-05	1969-02-06	2	−9.9	−11.1	高危险性
10	1957-09-01	1957-09-05	5	/	19.2	高危险性

6.4.2 霜冻

利用南太湖新区国家气象站遴选出 1957—2020 年吴兴区历史上十次相对较严重的霜冻灾害过程，表 6.4 为各次霜冻过程的气象统计特征值。

表 6.4 1957—2020 年吴兴区主要霜冻事件

序号	开始时间（年-月-日）	结束时间（年-月-日）	霜冻日数/d	霜冻期平均气温/℃	霜冻期平均最低气温/℃	等级
1	2008-01-21	2008-02-20	31	0.4	−2.0	高危险性
2	1984-01-13	1984-02-12	31	0.3	−1.9	高危险性

续表

序号	开始时间（年月日）	结束时间（年月日）	霜冻日数/d	霜冻期平均气温/℃	霜冻期平均最低气温/℃	等级
3	1977-01-22	1977-02-19	29	0.3	−2.8	高危险性
4	1976-12-25	1977-01-20	27	−0.8	−2.8	高危险性
5	1970-01-04	1970-01-22	19	−0.2	−3.7	高危险性
6	1969-01-28	1969-02-11	15	−0.6	−4.1	高危险性
7	1967-12-07	1968-01-05	30	1.3	−2.7	高危险性
8	1966-12-25	1967-01-20	27	0.1	−2.9	高危险性
9	1962-12-29	1963-02-14	48	1.7	−2.2	高危险性
10	1958-01-14	1958-02-04	22	−0.2	−2.6	高危险性

6.4.3 倒春寒

利用南太湖新区国家气象站遴选出1957—2020年吴兴区历史上十次相对较严重的倒春寒灾害过程，表6.5为各次倒春寒过程的气象统计特征值。

表6.5 1957—2020年吴兴区主要倒春寒事件

序号	开始时间(年-月-日)	结束时间(年-月-日)	过程平均气温/℃	过程持续日数/d	等级
1	2010-04-13	2010-04-16	8.2	4	高危险性
2	1996-04-09	1996-04-15	9.5	7	高危险性
3	1996-04-01	1996-04-04	8.0	4	高危险性
4	1991-04-01	1991-04-03	7.7	3	高危险性
5	1987-04-01	1987-04-03	7.3	3	高危险性
6	1972-04-01	1972-04-03	7.2	3	高危险性
7	1969-04-04	1969-04-06	7.6	3	高危险性
8	1964-04-07	1964-04-09	7.5	3	高危险性
9	1963-04-06	1963-04-08	7.2	3	高危险性
10	1962-04-02	1962-04-05	8.0	4	高危险性

6.4.4 低温阴雨寡照

利用南太湖新区国家气象站遴选出1957—2020年吴兴区历史上十次相对较严重的低温阴雨寡照灾害过程，表6.6为各次低温阴雨寡照过程的气象统计特征值。

表 6.6 1957—2020 年吴兴区主要低温阴雨寡照事件

序号	开始时间（年-月-日）	结束时间（年-月-日）	持续时间/d	过程日平均气温/℃	过程平均日照时数/h	过程累积降水量/mm	等级
1	2018-12-05	2019-03-10	96	5.8	1.8	413.9	高危险性
2	2012-01-07	2012-03-17	71	4.6	2.3	310.8	高危险性
8	2008-01-08	2008-02-21	45	1.6	2.8	145.6	高危险性
6	2005-12-24	2006-02-13	52	4.6	2.7	223.1	高危险性
9	2005-01-20	2005-03-05	45	3.7	2.9	210.3	高危险性
3	1999-12-29	2000-03-20	83	5.2	2.9	298.0	高危险性
5	1997-12-17	1998-02-07	53	4.8	2.9	301.7	高危险性
7	1990-01-07	1990-02-20	45	4.6	2.1	167.1	高危险性
4	1988-12-24	1989-03-09	76	5.1	3.0	221.3	高危险性
10	1976-12-31	1977-02-04	36	−0.5	2.8	125.1	高危险性

第7章 冷空气大风

大风是指由非台风天气系统导致发生的日极大风速达 17.2 $m \cdot s^{-1}$(风力 8 级)及以上的风,包括冷空气大风、雷暴大风等。大风灾害破坏严重,直接危害包括房屋倒塌、建筑物受损,刮翻车辆、导致交通事故,威胁航道、船舶翻沉,以及作物倒伏、造成农业减产和绝收等;间接危害包括助长森林火灾,引起风暴潮等。本章中的冷空气大风是指由非台风天气系统、非强对流天气系统导致发生的日极大风速达 13.9 $m \cdot s^{-1}$(风力 7 级)及以上的大风过程,一般发生在当年 10 月至次年 3 月。

7.1 数据与方法

7.1.1 数据来源

(1)气象观测数据:数据来源于浙江省气象信息网络中心,选取吴兴区内国家气象站和所有乡镇代表站建站以来至 2020 年的最大风速和极大风速逐日数据,共普查 80438 条原始数据,按汇交要求汇交 502 条数据。

(2)基础地理信息数据:包括吴兴区行政边界、吴兴区下属乡镇(街道)行政边界等数据。资料来源于浙江省自然资源厅,数据更新时间为 2021 年 4 月,格式为 Esrishapefile。

(3)电子地图数据:由国务院普查办提供在线底图服务。

(4)高程数据:来自于 NASA(美国国家航空与航天局)官方遥感影像数据下载网站的 NASA DEM 数据集,是基于 SRTM 原始遥测数据生成的接近全球的地球 DEM,数据格式为 GeoTIFF,空间分辨率约为30 m,投影为经纬度投影。

(5)植被覆盖度数据:来源于国家气象卫星中心共享的 MODIS 年平均植被覆盖度栅格产品,数据格式为 Envi Image 标准二进制格式,现势性达到 2019 年,空间分辨率约为 250 m,投影为经纬度投影。

(6)人口密度栅格数据集:由浙江大学杨续超团队基于浙江省统计局提供的第七次全国人口普查数据制作而成,数据格式为 GeoTIFF,空间分辨率为 100 m,投影为 WGS_1984_UTM_Zone_51N。

(7)GDP 密度栅格数据集:由浙江大学杨续超团队基于浙江省统计局提供的社会经济等数据制作而成,数据格式为 GeoTIFF,空间分辨率为 100 m,投影为 WGS_1984_UTM_Zone_48N。

(8)水稻栅格数据集:来源于浙江省气候中心,现势性达到2019年,空间分辨率为500 m,投影为WGS_1984_UTM_Zone_51N。

7.1.2 技术方法

7.1.2.1 日极大风速插补延长

由于部分站点极大风速资料缺失严重,因此,首先需要对日极大风速序列进行序列延长。最大风速是指在给定时段内的10 min平均风速的最大值,极大风速是指给定时段内的瞬时风速的最大值,而10 min平均风速是10 min瞬时风速的平均。研究发现,最大风速与极大风速间有较好的线性关系,因此,本章基于建站以来至2020年12月31日的日大风观测资料,通过剔除日最大风速缺测资料等质控方法,利用单站日最大风速、日极大风速数据,如图7.1所示,建立一元线性拟合关系模型,实现日极大风速的插补延长。

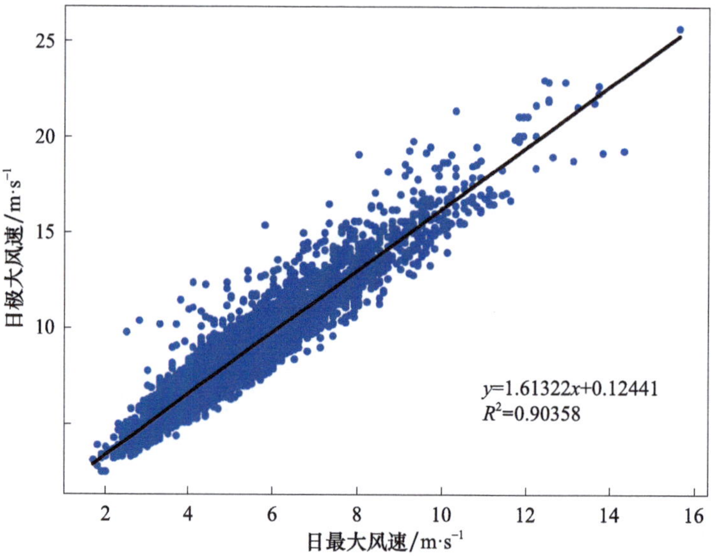

图7.1 湖州国家气象站日最大风速拟合日极大风速状况

在延长之后的日极大风速数据的基础上,剔除台风天气系统导致的过程,并根据人工观测雷暴日数据和ADTD闪电定位记录剔除强对流天气系统导致的过程,挑选日极大风速达13.9 $m \cdot s^{-1}$(风力7级)及以上的记录,最终得到各乡镇代表站的冷空气大风数据。

7.1.2.2 归一化方法

归一化方法是将有量纲的数值经过变换,化为无量纲的数值,进而消除各指标的量纲差异。计算公式为:

$$x' = \frac{x - x_{min}}{x_{max} - x_{min}} \tag{7.1}$$

式中,x'为归一化后的数据,x为样本数据,x_{min}为样本数据中的最小值,x_{max}为样本数据中的最大值。

7.1.2.3 风险评估方法

冷空气大风灾害风险评估方法分为基于风险指数的评估方法和基于灾损脆弱性曲线的评估方法。考虑吴兴区灾情数据不足以支撑基于灾损脆弱性曲线的冷空气大风灾害评估方法，因此，选择基于风险指数的冷空气大风灾害评估方法。根据风险＝致灾因子危险性×孕灾环境敏感性×承灾体易损性(暴露度和脆弱性)，确定风险评估指数。

(1)致灾因子危险性评估指标

选择发生冷空气大风的年均日数(频次，d/a)和年极大风速极值均值(强度，$m \cdot s^{-1}$)来描述冷空气大风灾害致灾因子的危险性指数(H)，H 可表示为：

$$H = w_G \times G + w_P \times P \tag{7.2}$$

式中，G 为冷空气大风强度，P 为冷空气大风频次，w_G 和 w_P 分别为各自的权重，采用层次分析法、专家打分法等方法对归一化处理后的冷空气大风频次和强度分别赋予权重，且 $w_G + w_P = 1$，本章中 w_G 和 w_P 分别为 0.4 和 0.6。

利用自然断点法等方法，将危险性评估结果划分为低等级、较低等级、较高等级和高等级 4 个等级。

(2)孕灾环境敏感性评估指标

综合考虑海拔高度和植被覆盖度对吴兴区孕灾环境的不同贡献程度，运用层次分析法、专家打分法等方法对归一化处理后的海拔高度指标和植被覆盖度指标设置相应的权重，权重之和为 1，加权求和得到孕灾环境敏感性评估指标(S)：S＝权重 1×海拔高度指标＋权重 2×(1－植被覆盖度指标)。

(3)风险评估指标

根据吴兴区的实际情况，同时考虑所收集的承灾体信息，选择吴兴区人口、经济和水稻三种承灾体分别进行冷空气大风灾害风险评估与区划，最后进行冷空气大风灾害综合风险区划。其中，各承灾体易损性可使用承灾体暴露度和脆弱性共同表示，即 V(易损性)＝E(暴露度)×F(脆弱性)，或者仅使用承灾体暴露度表示。

① 人口影响风险指数

冷空气大风对人员安全的影响风险以人口作为主要的承灾体，根据承灾体及灾情信息收集情况，本章选择人口密度代表人口暴露度指标，同时仅使用人口暴露度来描述承灾体的易损状况，评估方程为：

$$R_P = H^{\omega_H} \times S^{\omega_S} \times V_P^{\omega_V} \tag{7.3}$$

式中，R_p 为冷空气大风灾害对人员安全影响的风险度，H 为冷空气大风危险性，S 为孕灾环境敏感性，V_P 为人口易损性，即人口暴露度，ω_H、ω_S、ω_V 分别为各指标对应的权重。

将三个指标进行归一化后扩大 10 倍，同时根据各指标的贡献程度采用层次分析法、专家打分法等方法确定权重，权重系数之和为 1，本章中 ω_H、ω_S 和 ω_V 分别是 0.5、0.2 和 0.3，计算得到人口风险指数值，再利用自然断点法等方法划分为低等级、较低等级、中等级、较高等级和高等级 5 个等级。

② 经济影响风险指数

根据承灾体及灾情信息收集情况，本报告选择地均 GDP 代表经济暴露度指标，同时仅使用经济暴露度来描述承灾体的易损状况，评估方程为：

$$R_E = H^{\omega_H} \times S^{\omega_S} \times V_E^{\omega_V} \tag{7.4}$$

式中，R_E为冷空气大风灾害对经济影响的风险度，H 为冷空气大风危险性，S 为孕灾环境敏感性，V_E为经济易损性，即经济暴露度，ω_H、ω_S、ω_V分别是各指标对应的权重。

将三个指标进行归一化后扩大 10 倍，同时各指标的贡献程度采用层次分析法、专家打分法等方法确定权重，权重系数之和为 1，本章中 ω_H、ω_S和 ω_V分别是 0.5、0.2 和 0.3，计算得到经济风险指数值，再利用自然断点法等方法划分为低等级、较低等级、中等级、较高等级和高等级 5 个等级。

③ 水稻影响风险指数

根据承灾体及灾情信息收集情况，本章选择水稻用地面积比例代表水稻的暴露度指标，同时仅使用水稻暴露度来描述承灾体的易损状况，评估方程为：

$$R_A = H^{\omega_H} \times S^{\omega_S} \times V_A{}^{\omega_V} \quad (7.5)$$

式中，R_A为冷空气大风灾害对水稻影响的风险度，H 为冷空气大风危险性，S 为孕灾环境敏感性，V_A为水稻易损性，即水稻暴露度，ω_H、ω_S、ω_V是各指标所对应的权重。

将三个指标进行归一化后扩大 10 倍，同时各指标的贡献程度采用层次分析法、专家打分法等方法确定权重，权重系数之和为 1，本报告中 ω_H、ω_S和 ω_V分别是 0.5、0.2 和 0.3，计算得到水稻风险指数值，再利用自然断点法等方法划分为低等级、较低等级、中等级、较高等级和高等级 5 个等级。

④ 综合风险指数

综合考虑冷空气大风对人口、经济和水稻的影响，对不同承灾体的风险值进行归一化后，建立综合风险指数：

$$R = w_P \times R_P + w_E \times R_E + w_A \times R_A \quad (7.6)$$

式中，R 为综合风险指数，R_P为归一化后的人口影响风险指数，R_E为归一化后的经济影响风险指数，R_A为归一化后的水稻影响风险指数，w_P、w_E和 w_A为采用层次分析法、专家打分法等方法确定的各指标对应的权重，且 $w_P + w_E + w_A = 1$，本章中 w_P、w_E和 w_A分别为 0.5、0.4 和 0.1。

利用自然断点法等方法，将综合风险评估结果划分为低等级、较低等级、中等级、较高等级和高等级 5 个等级。

7.2 冷空气大风特征分析

根据冷空气大风各等级阈值指标，收集统计了各乡镇代表站的冷空气大风历史记录数据，分析吴兴区的冷空气大风基本特征，结果如图 7.2—图 7.8 所示。

图 7.2 为湖州国家气象站冷空气大风日数年际变化图。1966—2020 年，冷空气大风累计发生 846 d，年均冷空气大风日 15.4 d，总体呈下降的趋势；冷空气大风日数最多的年份为 1966 年、1968 年，为 34 d；7 级冷空气大风日数为 570 d，8 级冷空气大风日数为 203 d，9 级及以上冷空气大风日数为 73 d。

图 7.3 为湖州国家气象站冷空气大风日数月际变化图。10 月至次年 3 月，10 月冷空气大风日数最少，为 66 d，占比 7.8%；次年 3 月冷空气大风日数最多，为 172 d，占总日数的 20.3%。

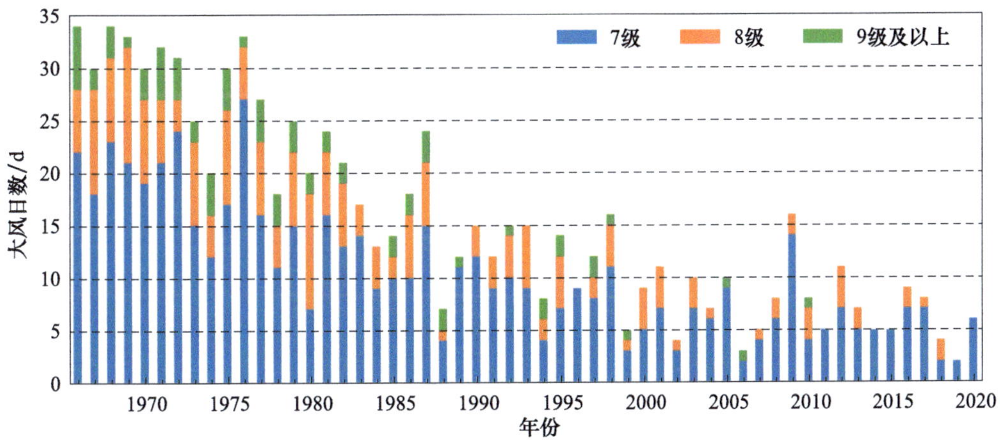

图 7.2 1966—2020 年湖州国家气象站冷空气大风日数年际变化图

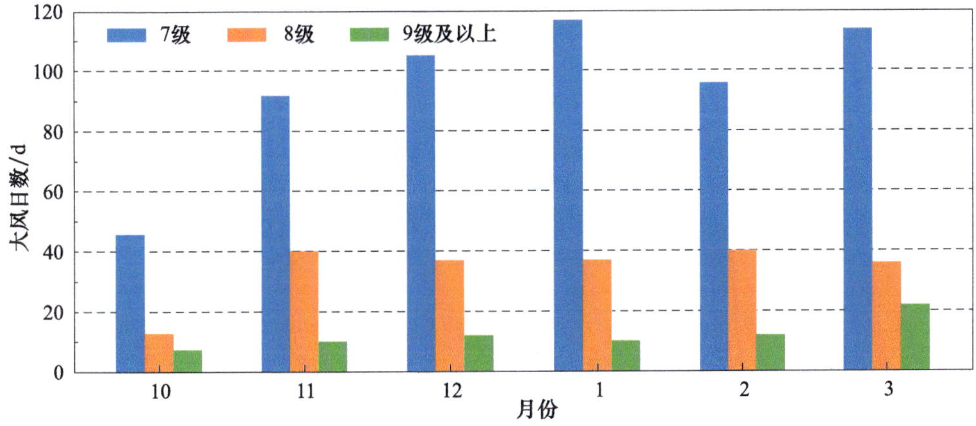

图 7.3 1966—2020 年湖州国家气象站冷空气大风日数平均月际变化图

图 7.4 为 1966—2020 年湖州国家气象站冷空气大风年极大风速极值年际变化图。年极大风速极值在 14.7～29.2 $m \cdot s^{-1}$，总体呈减小的趋势，最大值出现在 1978 年。

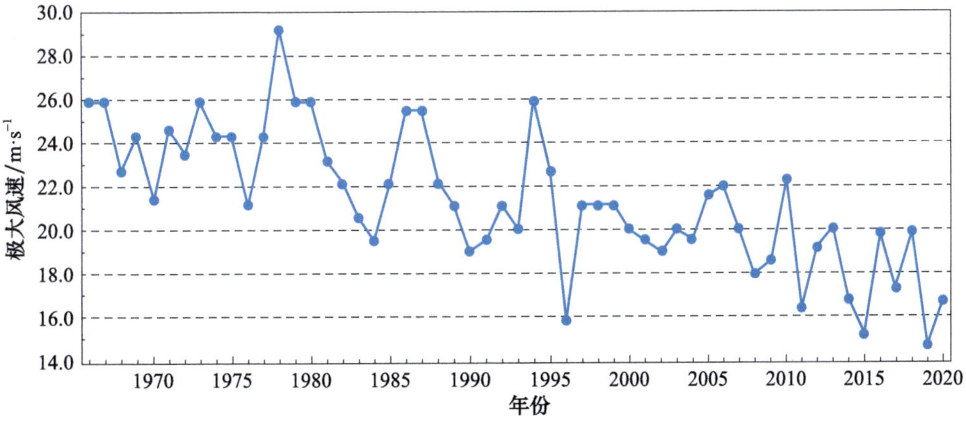

图 7.4 1966—2020 年湖州国家气象站冷空气大风年极大风速极值年际变化图

图 7.5 为湖州国家气象站冷空气大风风玫瑰图。冷空气大风主导风向为西西北(占比 47.0%),7 级冷空气大风占比 80.7%,8 级冷空气大风占比 16.8%,9 级及以上冷空气大风占比 2.5%。

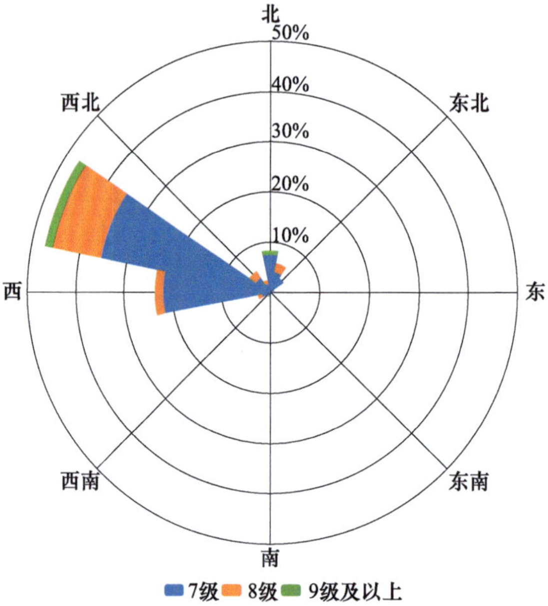

图 7.5　湖州国家气象站冷空气大风风玫瑰图

图 7.6 为吴兴区 7 级冷空气大风年均日数分布图,妙西镇北部、埭溪镇西部 7 级冷空气大风年均日数较多,多于 2.3 d;其余区域 7 级冷空气大风年均日数处于 0.4~2.3 d。

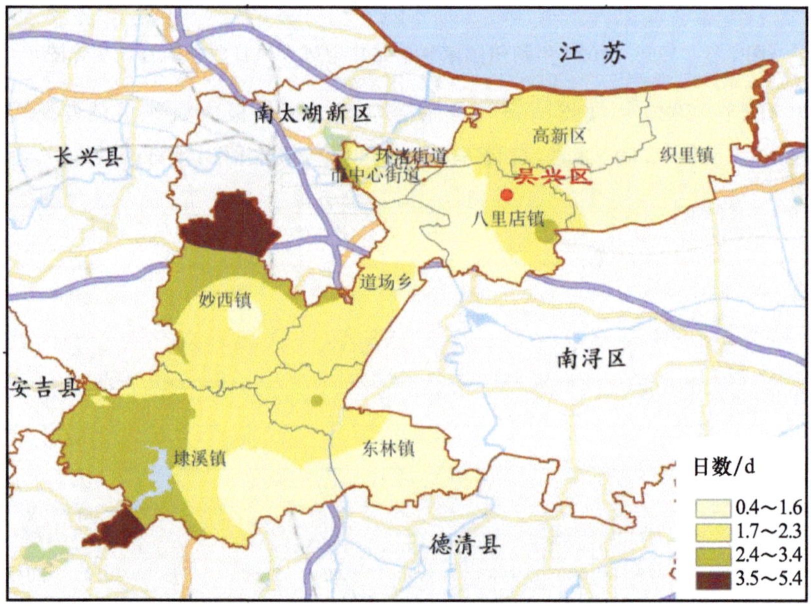

图 7.6　吴兴区 7 级冷空气大风年均日数空间分布图

图 7.7 为吴兴区 8 级冷空气大风年均日数分布图，妙西镇北部、道场乡西北部、埭溪镇西南部局部、市中心街道南部 8 级冷空气大风年均日数最多，多于 1.0 d；其余区域 8 级冷空气大风年均日数分布在 0.1～1.0 d。

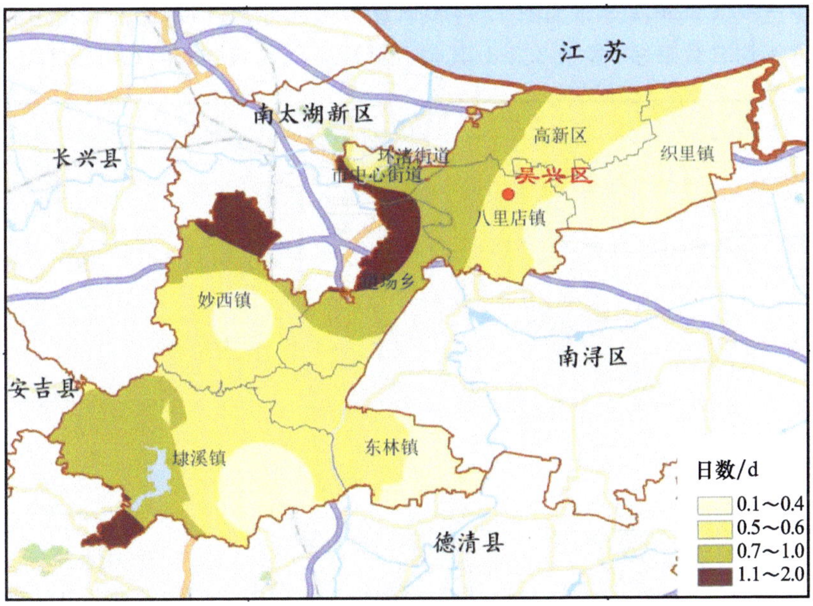

图 7.7 吴兴区 8 级冷空气大风年均日数空间分布图

图 7.8 为吴兴区 9 级及以上冷空气大风年均日数分布图，妙西镇东北部、道场乡大部、市中心街道大部、环渚街道 9 级及以上冷空气大风年均日数最多，多于 0.7 d；其余区域 9 级及以上冷空气大风年均日数分布在 0.3～0.7 d。

图 7.8 吴兴区 9 级及以上冷空气大风年均日数空间分布图

7.3 冷空气大风灾害危险性评估

吴兴区冷空气大风频次分布如图7.9所示，埭溪镇西部、妙西镇北部和市中心街道西部局部冷空气大风年均日数最多，多于2.9 d；其余区域冷空气大风年均日数在2.9 d以下。

图7.9 吴兴区冷空气大风频次空间分布图

图7.10为吴兴区冷空气大风强度分布图，整体呈自南向北递减的趋势。埭溪镇西南部冷空气大风极大风速最高，高于17.8 m·s^{-1}；其余区域冷空气大风极大风速在14.8～17.8 m·s^{-1}。

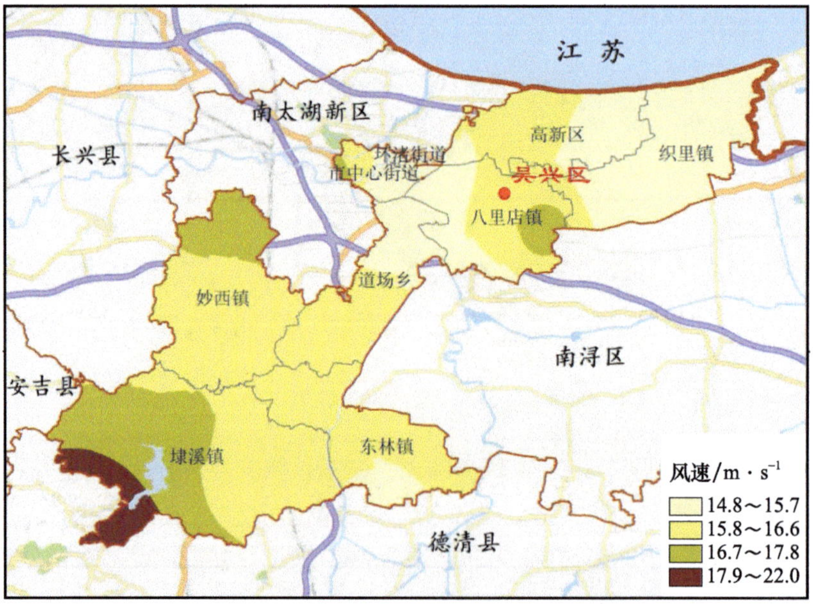

图7.10 吴兴区冷空气大风强度空间分布图

综合考虑冷空气大风频次和强度，对吴兴区冷空气大风灾害危险性进行了评估，如图 7.11 所示，妙西镇北部、埭溪镇西部以及是中兴街道西部局部属于较高及高危险性地区；其余区域冷空气大风危险性等级为较低或低。

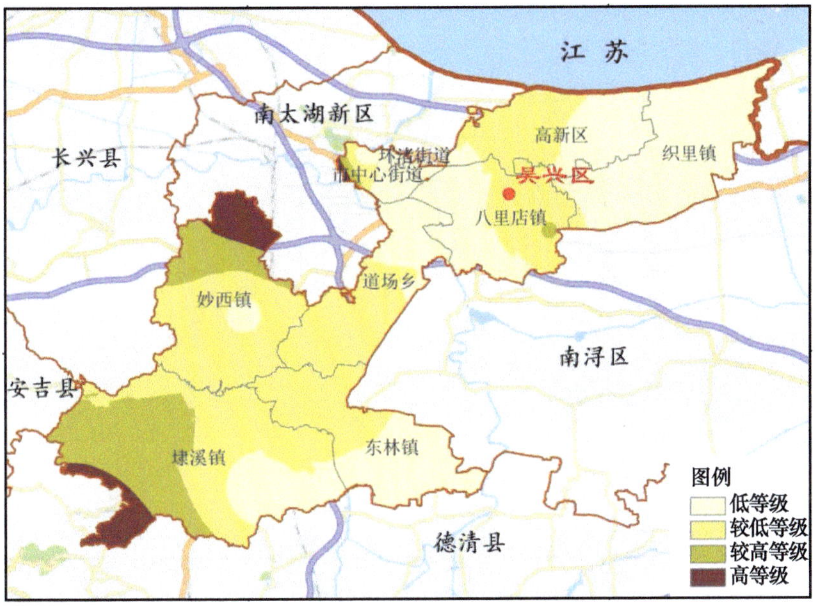

图 7.11　吴兴区冷空气大风灾害危险性空间分布图

7.4　冷空气大风灾害孕灾环境敏感性评估

吴兴区的海拔高度分布见图 7.12，吴兴区境内以分割破碎的低山、丘陵以及广阔平原为基本特色。地势自西南向东北倾斜，低山丘陵以及盆地主要分布在西南部，由天目山东支延伸到市郊的埭溪、妙西一带而形成。东北部为湖沼型沉积平原，地势低洼，平均海拔约 3.5 m。河网密布，湖塘众多，地下水位很高。由于人类长期活动的结果，原始地形已受到改变，河岸修筑了高出地面 1.0～3.0 m 的河堤，从而构成了特殊的地貌景观。

图 7.13 为吴兴区植被覆盖度分布图。可以看到，吴兴区植被覆盖度整体呈自东北向西南递增的趋势，织里镇和八里店镇植被覆盖度相对较低，妙西镇、埭溪镇和道场乡西部植被覆盖度相对较高。

综合考虑海拔高度和植被覆盖度等因子的影响，对吴兴区冷空气大风灾害孕灾环境敏感性进行了评估，结果如图 7.14 所示，由于植被覆盖度的影响，八里店镇北部、织里镇西部和东林镇东部等海拔相对较低区域的孕灾环境敏感性更高。

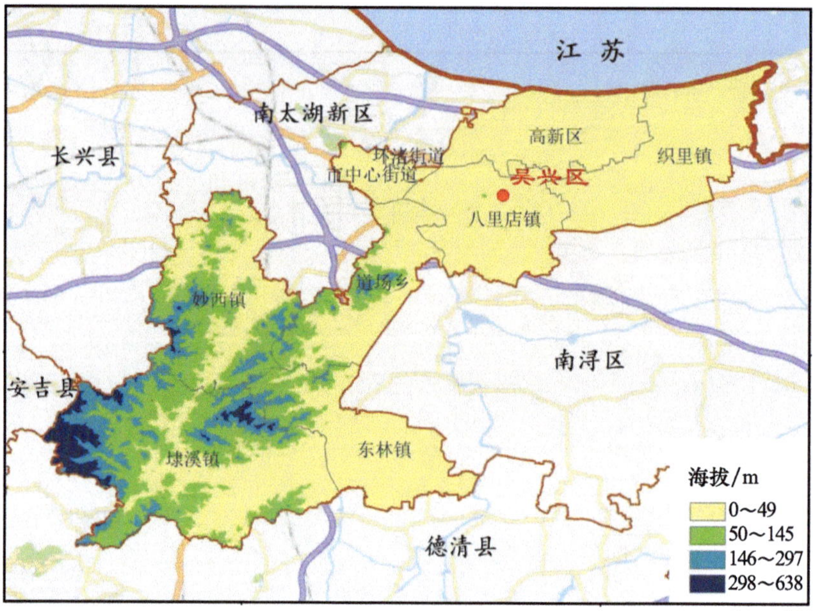

图 7.12　吴兴区海拔高度分布图

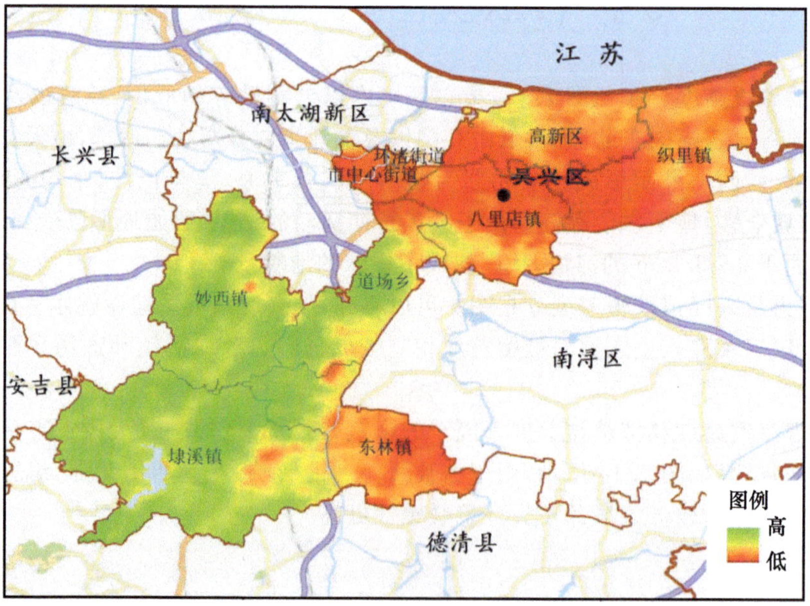

图 7.13　吴兴区植被覆盖度分布图

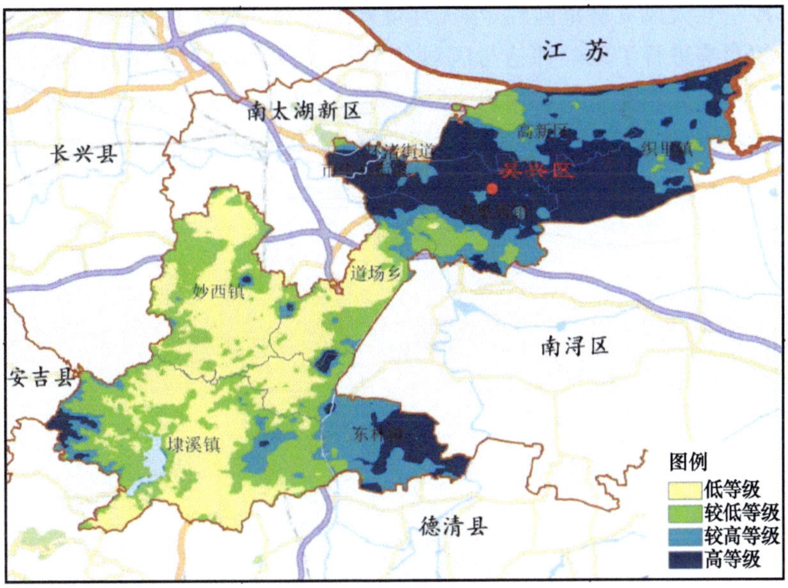

图 7.14 吴兴区冷空气大风灾害孕灾环境敏感性分布图

7.5 冷空气大风灾害风险评估与区划

7.5.1 冷空气大风灾害对人员安全影响的风险评估与区划

基于第七次全国人口普查数据，计算得到吴兴区的人口暴露度分布（图 7.15），可以看到吴兴区人口暴露度主要集中在市中心街道和环渚街道。

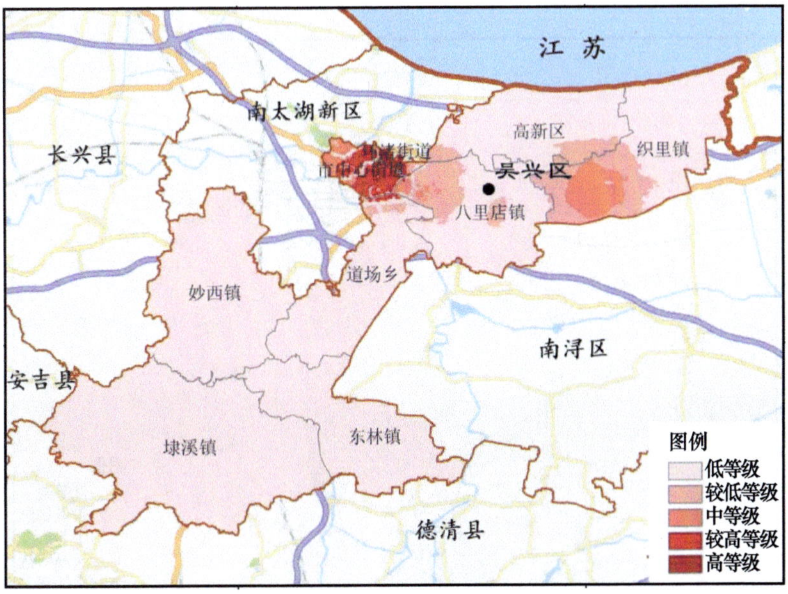

图 7.15 吴兴区人口暴露度分布图

综合考虑冷空气大风灾害危险性、孕灾环境敏感性和人口暴露度，对吴兴区冷空气大风灾害对人员安全的影响进行了风险评估与区划，如图 7.16 所示，整体呈自南向北递增的趋势；中风险及以上区域主要分布在市中心街道、环渚街道、八里店镇大部、织里镇西部和高新区南部局部，其中高风险区域主要集中在市中心街道西部；其余区域风险区划等级为较低或低。

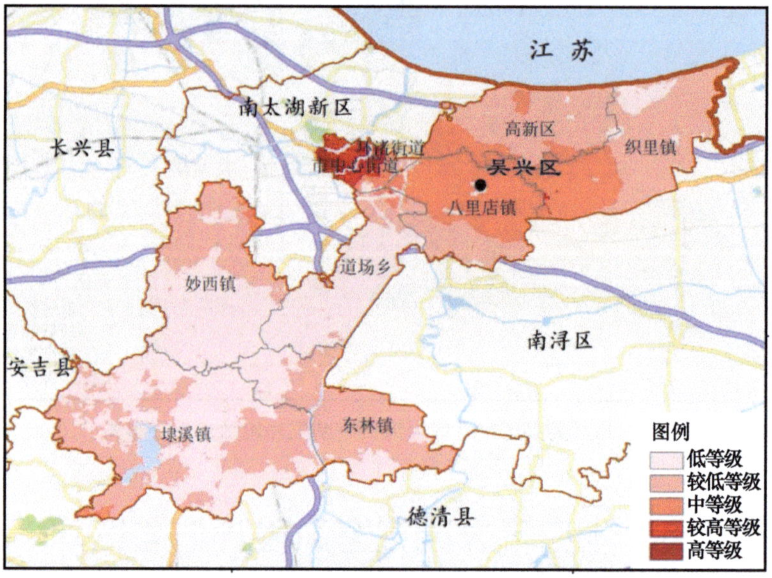

图 7.16　吴兴区冷空气大风灾害人口风险区划图

7.5.2　冷空气大风灾害对经济影响的风险评估与区划

基于社会经济数据，计算得到吴兴区的 GDP 暴露度分布图（图 7.17），可以看到吴兴区 GDP 暴露度高值区主要集中在市中心街道中部和织里镇西部。

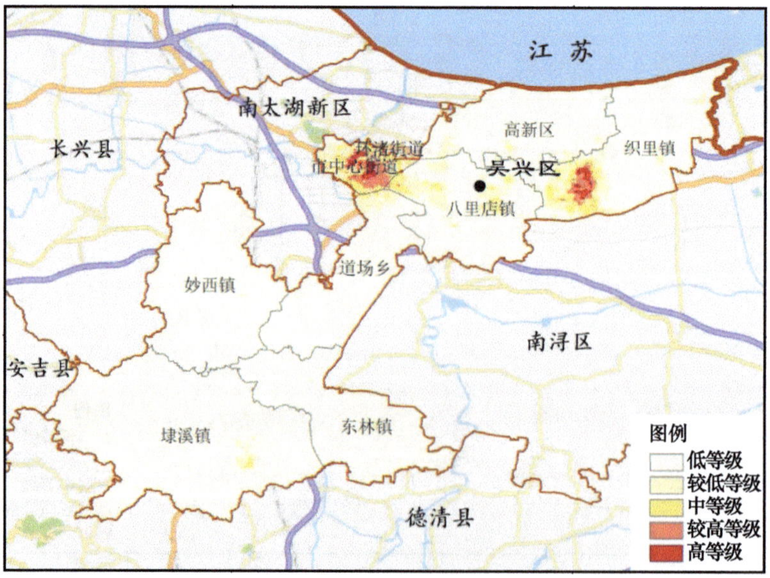

图 7.17　吴兴区 GDP 暴露度分布图

综合考虑冷空气大风灾害危险性、孕灾环境敏感性和 GDP 暴露度，对吴兴区冷空气大风灾害对经济的影响进行了风险评估与区划，如图 7.18 所示，整体呈自中北部向南递减的趋势；中风险及以上区域主要分布在市中心街道、环渚街道、八里店镇大部、织里镇西部和高新区南部，另少量分布在妙西镇东北部、东林镇中部局部和埭溪镇东部局部，其中高风险区域主要集中在市中心街道、八里店镇中部局部和织里镇西部局部；其余区域风险区划等级为较低或低。

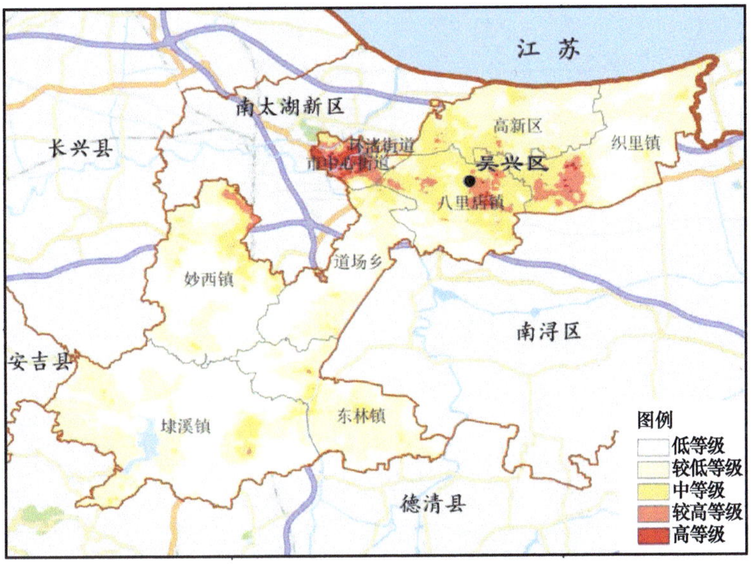

图 7.18　吴兴区冷空气大风灾害 GDP 风险区划图

7.5.3　冷空气大风灾害对水稻影响的风险评估与区划

吴兴区水稻暴露度分布如图 7.19 所示，水稻暴露度高值区主要集中在高新区西部、八里店镇中部、妙西镇东北部、道场乡中部以及埭溪镇东南部。

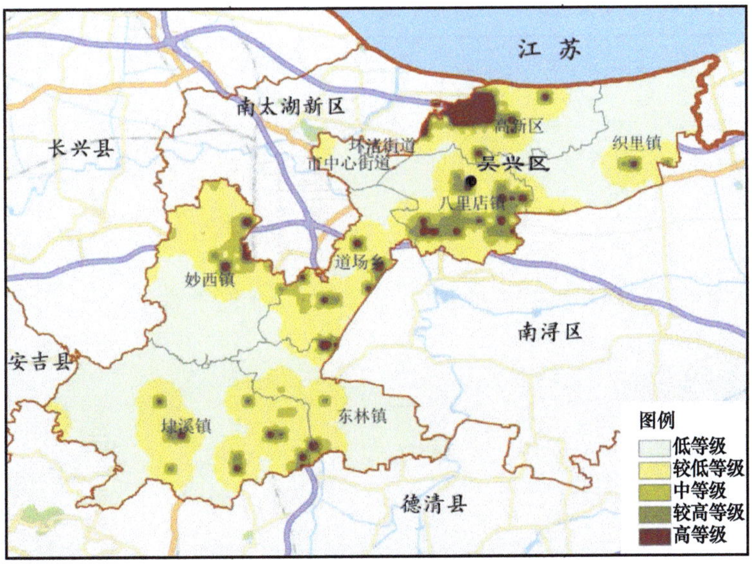

图 7.19　吴兴区水稻暴露度分布图

综合考虑冷空气大风灾害危险性、孕灾环境敏感性和水稻暴露度，对吴兴区冷空气大风灾害对水稻的影响进行了风险评估与区划，如图 7.20 所示，在水稻种植范围内，高风险区域主要分布在高新区西部、八里店镇东部、妙西镇东北部、道场乡南部局部和埭溪镇中部局部。

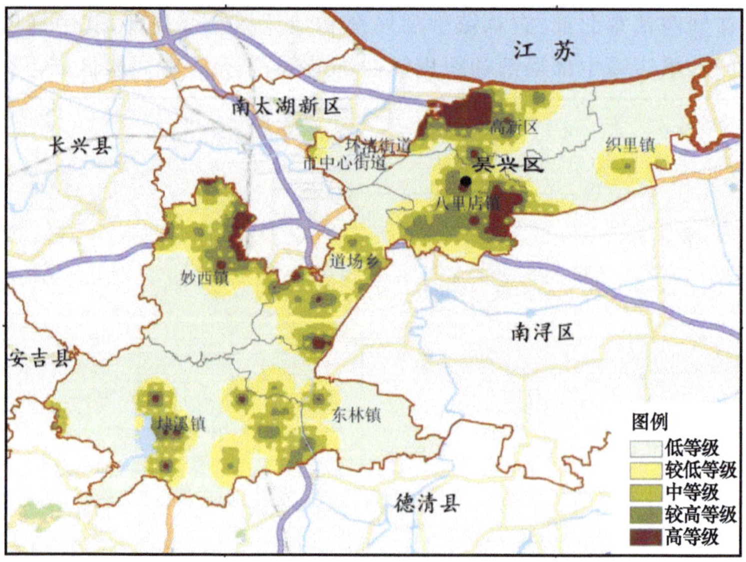

图 7.20　吴兴区冷空气大风灾害水稻风险分布图

7.5.4　冷空气大风灾害综合风险评估与区划

综合考虑冷空气大风灾害对人口、经济和水稻的影响(杨龙 等，2005；李兰 等，2009；张丽娟 等，2011；邱博 等，2013；鲁天平 等，2016；祁贵明 等，2017；宋建洋 等，2018；马蕾 等，2020)，对吴兴区的冷空气大风灾害综合风险进行了评估与区划，如图 7.21 所示，整体呈自西南向东北递增的趋势；综合风险区划等级为中等及以上的区域主要分布在市中心街道、环渚街道、八里店镇大部、织里镇西部、高新区西部以及妙西镇东北部，其中高风险区域主要集中在市中心街道；其余区域综合风险区划等级为较低或低。

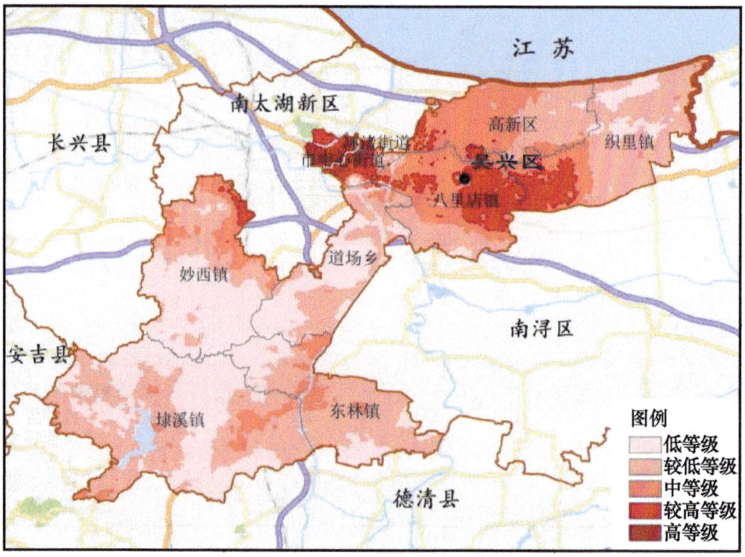

图 7.21　吴兴区冷空气大风灾害综合风险区划图

第8章 雨雪冰冻

雨雪冰冻灾害主要发生在冬季，但秋冬交替和冬春交替之际偶尔也会出现。这种气象灾害是由降雪(或雨夹雪、霰、冰粒、冻雨等)或降雨后遇低温形成的积雪、结冰现象。雨雪冰冻灾害可能造成的突发事故，会导致城镇大面积停电、停水、停气；可能造成路面封冻，交通中断，导致车辆、人员流动出现严重滞留和拥堵；可能会导致企业出现能源燃料严重短缺或产成品严重积压，以及人民群众生活必需品由于供应不足出现脱销或市场价格上涨过快等危害。雨雪冰冻灾害常具有气温低、降水范围广等特点，种类繁多。本章中雨雪冰冻灾害主要对雪灾、冰冻、输电线路覆冰 3 类进行分析。

8.1 调查方法及调查资料

8.1.1 资料来源

(1)气象观测资料：吴兴区代表气象站(站号：K5130)由于建站较晚，降水观测序列较短，故雨雪冰冻等统计数据参考南太湖新区国家气象站(站号：58450)的数据。收集了南太湖新区国家气象站 1956—2020 年气象监测数据，统计气象要素包括日平均气温(T_Day_Mean)、日最低气温(T_Day_Min)、日白天降水量(Rx08_20)、日夜间降水量(Rx20_08)、日降水量(Rx_Day)、日积雪深度(Z_Depth)、日平均风速(F_Day_Mean)、日最大风速(F_Day_Max_Speed)、日最大风速风向(F_Day_Max_Dir)、日照时数(S)、日最低地表温度(D0_Day_Min)、天气现象码(weatherCode)等资料。以上数据作为南太湖新区气候时序图分析的主要数据源。

收集了吴兴区周边地区的国家气象站 1956—2020 年和乡镇代表站 2004—2020 年数据。以上数据主要用于分析南太湖新区雨雪冰冻类灾害的空间分布。

(2)覆冰模拟资料：鉴于浙江省观冰资料缺乏，基于工作专班前期研究基础，收集了 NCEP (美国国家环境预报中心)的 FNL 再分析资料，并结合常规中尺度站的 1 h 历史气象资料，利用综合考虑雨凇、雾凇覆冰增长及热力融冰和升华脱冰过程的覆冰气象模型(邓芳萍 等，2017)，模拟 2005—2020 年冬季(12 月—次年 2 月)的标准冰厚数据，用于分析南太湖新区覆冰灾害危险性及风险区划。

(3)其他：基础地理信息、社会经济数据等详见附录。

雨雪冰冻类调查数据类完成情况：根据《中国气象局雪灾调查与风险评估技术规范(灾

害调查类)》和《浙江省气象灾害综合风险普查与评估技术细则》,收集了南太湖新区国家气象站 1956—2020 年气象监测数据,经调查和地市、省、国家三级审核,完成了南太湖新区雨雪冰冻类调查表格 2 张,统计分析数据包括雪灾 105 条和冰冻 70 条,统计物理量包括雪灾持续时间、累积降雪量、最大积雪深度、冰冻持续时间、冰冻过程日平均气温、冰冻过程累积降水量等。

8.1.2 致灾事件确定方法

根据《浙江省气象灾害调查与风险评估实施技术细则》,结合南太湖新区的实际特点,确定了雪灾、冰冻、覆冰三种雨雪冰冻灾害类型。致灾事件的确定方法如下。

(1)雪灾:定义日积雪深度>0 cm 的过程为雪灾过程。其中,积雪深度≥5 cm 为大雪,积雪深度≥10 cm 为暴雪。统计分析中,可结合本地情况,选取降雪量、积雪深度、暴雪日数三个气象要素中的一种或多种进行分析,具体方法为:①累计降雪量:一段时间内的降雪总量。②年最大积雪深度:一年内观测到的积雪深度的最大值。③暴雪日数:日降雪量≥10 mm 的降雪日数。

(2)冰冻过程:连续 3 d 及以上有降水的过程中,过程中最低平均气温≤1 ℃且最低温度≤0 ℃,满足以上条件的过程。

(3)覆冰(气象上亦称电线积冰):满足以下条件之一:①区域内 10%以上的气象观测站连续 3 d 及以上满足日最低气温≤2 ℃,且日平均相对湿度≥80%或日降水量≥0.1 mm;②区域内有 1 个或以上站点观测到雨凇或雾凇。该判别方法主要用于历史重大灾害过程识别。在进行空间分析过程,可考虑应用数值模式模拟覆冰结果,将覆冰厚度>0.01 mm 的过程定义为覆冰过程。

本章以当年 7 月 1 日至次年 6 月 30 日为一个年度,记为当年数据。例如,2000 年数据,统计的时间段为 2000 年 7 月 1 日—2001 年 6 月 30 日(《全国气象灾害综合风险普查技术规范—雪灾调查与风险评估技术规范》,5.1.3 章节)。因此,南太湖新区雨雪冰冻类灾害数据时间段可记为 1956—2020 年冬季。

8.1.3 危险性指标确定

根据上述资料和定义,提取南太湖新区各站点历次雨雪冰冻灾害过程。根据各灾种危险性指标(表 8.1),结合本节各灾种危险性指数计算方法,雪灾、冰冻、覆冰的危险性及雨雪冰冻综合危险性进行评价。

表 8.1 雨雪冰冻灾害致灾因子

雨雪冰冻灾害类型	危险性指标
雪灾	过程积雪深度(S)、过程降雪量(PAP)、降雪日数(D_{pap})等
冰冻	冰冻过程持续日数(D_{frozen})、过程累计降水(PAP)、过程最低气温极值($\mathrm{Min}T_{min}$)、过程平均气温极值 ($\mathrm{Min}T_{mean}$)等
覆冰	覆冰厚度(I_{ice})、过程持续时间(D_{ice})等

8.2　致灾危险性调查与评估

8.2.1　基本气象特征分析

对各雨雪冰冻灾害过程进行时间序列分析，包括各灾种发生频数的年际变化、年代际变化和季节变化，以及各灾种致灾因子的年际变化等。

8.2.1.1　雪灾

吴兴区1956—2020年冬季不同等级雪灾发生频数的年代际变化如图8.1所示。等级划分依据为8.2.2.1节中雪灾的危险性指标计算方法和表8.2。1956—2020年吴兴区共发生105次雪灾，其中中危险性以上雪灾共发生50次，占总数的47.6%。高危险性雪灾在20世纪60年代和70年代发生次数最多为3次，21世纪10年代发生次之，为2次。中危险性雪灾在20世纪80年代发生次数最多为10次，20世纪90年代发生次数最少为4次。20世纪80年代至今各等级雪灾发生频数呈现下降趋势。

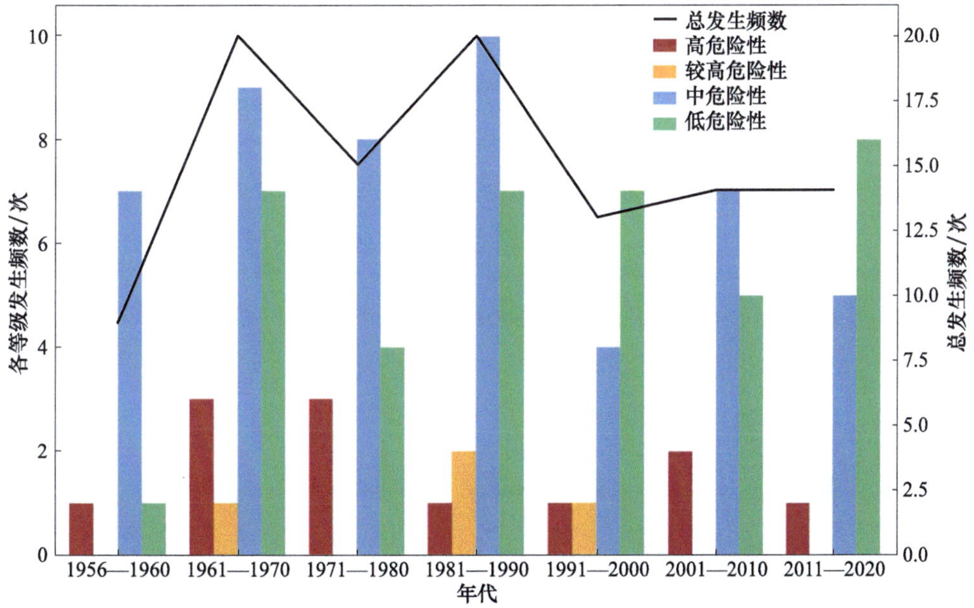

图8.1　南太湖新区国家气象站不同等级雪灾发生频数年代际变化图

南太湖新区国家气象站1956—2020年冬季雪灾降雪日数极大值年际变化如图8.2所示。雪灾过程降雪日数极大值分布在1～14 d，年均2 d，其中，降雪日数极大值最长为1983年，长达14 d，2007年次之，为9 d。21世纪10年代后雪灾降雪日数极大值呈现明显下降趋势。

吴兴区雪灾过程降雪量历年最大值如图8.3所示，空间分布呈现出西部降雪量大、东部降雪量小的趋势，其中埭溪镇、妙西镇、市中心街道、环渚街道降雪量大，织里镇降雪量小，其余地区降雪量中等。

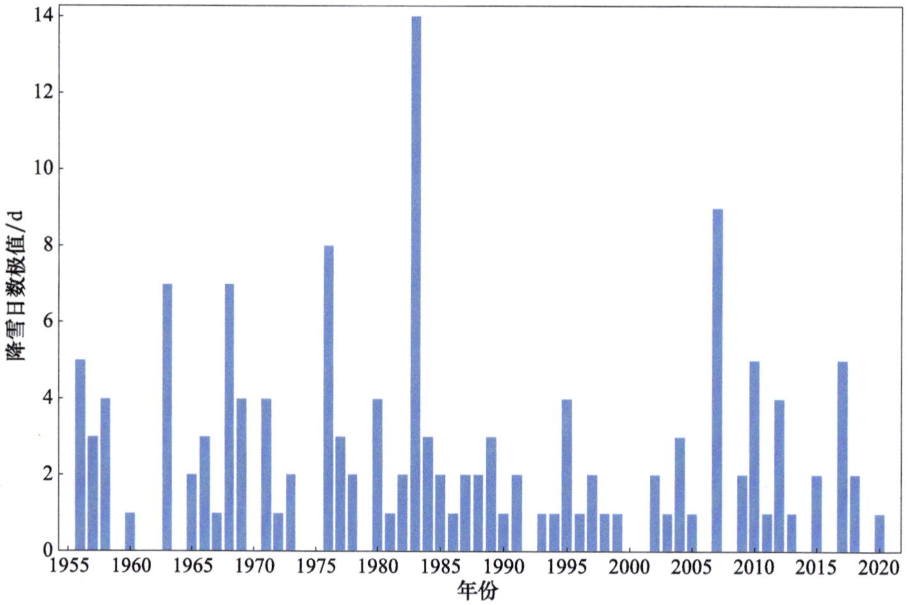

图 8.2　1956—2020 年南太湖新区国家气象站雪灾降雪日数极大值变化图

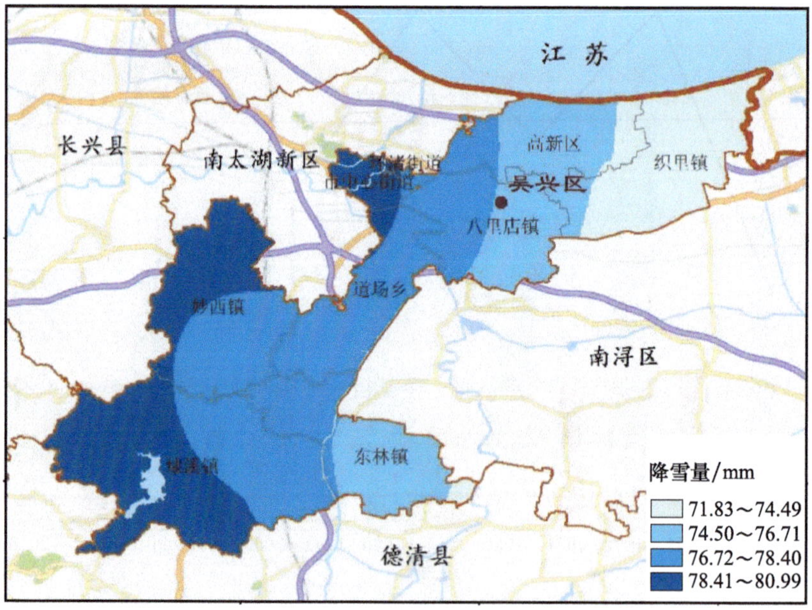

图 8.3　吴兴区雪灾过程降雪量历年最大值空间分布图

8.2.1.2　冰冻

南太湖新区国家气象站 1956—2020 年冬季冰冻发生频数年代际变化如图 8.4 所示。1956—2020 年南太湖新区共发生冰冻过程 70 次，年均 1.1 次；1968 年发生频数最多，为 5 次；1976 年、1980 年次之，为 4 次；1983 年后冰冻发生频数在 3 次以下。从年代际变化来看，20 世纪 70 年代之后，冰冻发生频数明显下降，20 世纪 90 年代以来，各年代冰冻发生频数在 9～10 次。

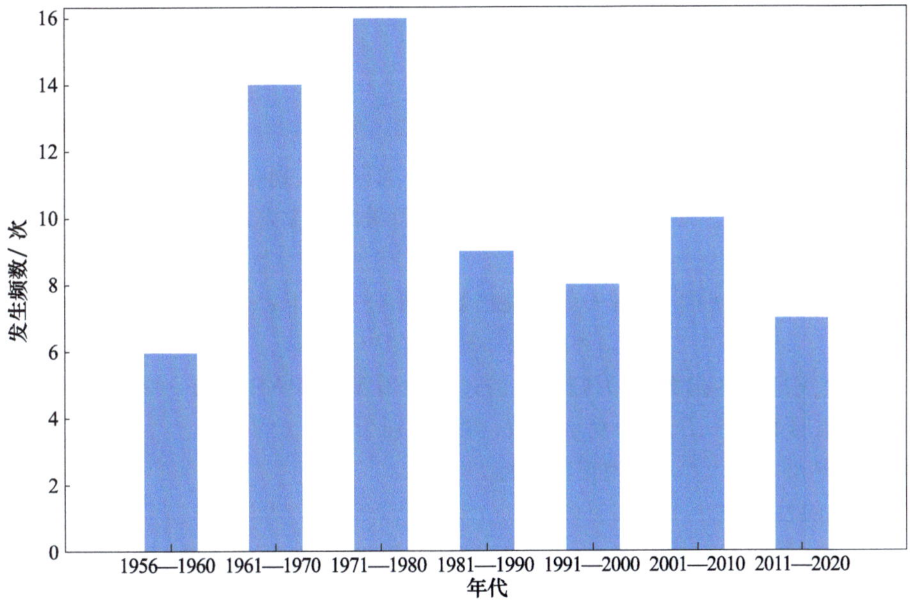

图 8.4　南太湖新区国家气象站冰冻发生频数年代际变化图

吴兴区冰冻持续日数历年最大值如图 8.5 所示，空间分布呈现出西部持续日数长、东部持续日数短的趋势，其中埭溪镇持续日数最长，含有一个持续日数峰值圈，织里镇、八里店镇持续日数较短，其余地区持续日数中等。

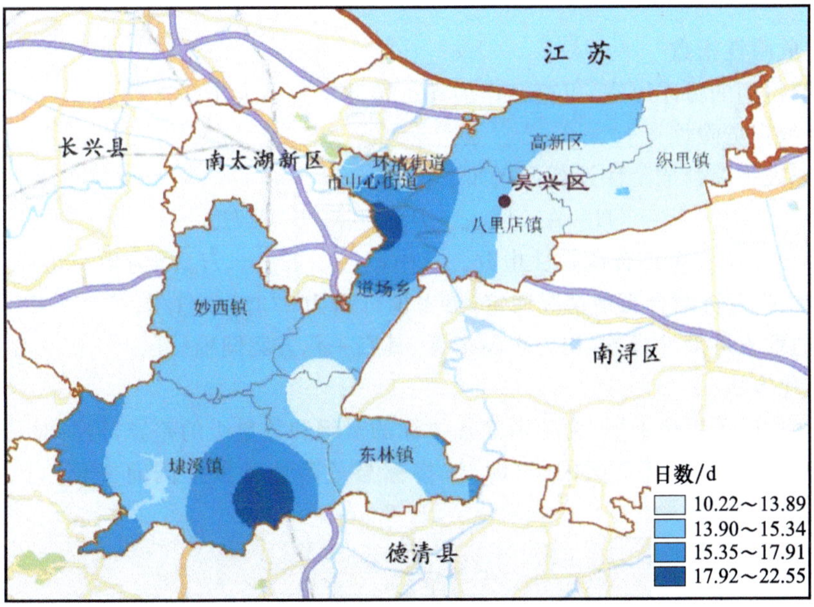

图 8.5　吴兴区冰冻持续日数历年最大值空间分布图

8.2.2 致灾危险性评估

8.2.2.1 方法概述

基于各类危险性指标，构建危险性指数，综合考虑行政区划（或气候区、流域等），对雨雪冰冻灾害危险性进行基于空间单元的划分，得到各类雨雪冰冻灾害的致灾危险性区划。

（1）雪灾危险性指数

以积雪厚度等为主要因子，雪灾危险性指数计算公式如下：

$$H_{snow}=A\times S+B\times PAP+C\times D_{pap} \tag{8.1}$$

式中，H_{snow}为雪灾危险性指数，S为归一化的过程积雪深度，PAP为归一化的过程降雪量，D_{pap}为归一化的降雪日数。A、B、C为权重系数，权重分别为0.6、0.2、0.2。

雪灾灾害中，S、PAP、D_{pap}均为正向指标。

（2）冰冻危险性指数

以过程持续时间、过程累计降水、过程日最低气温极值、过程日平均气温极值为主要因子，冰冻危险性指数如下：

$$H_{frozen}=A\times D_{frozen}+B\times PAP+C\times MinT_{min}+D\times MinT_{mean} \tag{8.2}$$

式中，H_{frozen}为冰冻危险性指数，D_{frozen}为归一化的持续日数，PAP为归一化的过程雨雪总量，$MinT_{min}$为归一化的过程日最低气温极值，$MinT_{mean}$为归一化的过程日平均气温极值。A、B、C、D为权重系数，权重分别为0.3、0.3、0.2、0.2。

冰冻灾害中，指标归一化方案同前。其中，D_{frozen}、PAP为正向指标。$MinT_{min}$、$MinT_{mean}$为逆向指标。

（3）覆冰危险性指数

根据模型得到的覆冰厚度，可直接作为评价覆冰危险性大小的指数H_{ice}。

（4）综合致灾危险性

雨雪冰冻灾害综合危险性计算公式如下：

$$H=A\times H_{snow}+B\times H_{frozen}+C\times H_{ice} \tag{8.3}$$

式中，H为雨雪冰冻灾害综合危险性指数。其中，H_{snow}、H_{frozen}、H_{ice}均为均一化后指数。A、B、C为权重系数，权重可结合当地情况而定，参考值分别为1/3、1/3、1/3。

各灾种的致灾危险性指数，均为正向指标，其归一化方案同前。

（5）标准化方法

鉴于各评价因子单位不同，为了消除各指标的量纲和数量级的差异，需要对每一个因子进行规范化处理。其中，对于正向因子（即，该指标与危险性指数呈同向变化），归一化处理方案为：

$$x'=\frac{x-x_{min}}{x_{max}-x_{min}} \tag{8.4}$$

对于反向因子（即，该指标与危险性指数呈返向变化），归一化处理方案为：

$$x'=\frac{x_{max}-x}{x_{max}-x_{min}} \tag{8.5}$$

式中，x'为归一化后的数据，x为样本数据，x_{min}为样本数据中的最小值，x_{max}为样本数据中的最大值。

根据危险性指标分布特征，利用标准差方法将危险性分为四个等级，分别为：高危险性、较高危险性、中危险性、低危险性，划分标准如下（表 8.2）。

表 8.2 雨雪冰冻致灾危险性等级划分标准

等级值	等级名称	标准
1	高危险性	$H \geqslant \text{ave}+\sigma$
2	较高危险性	$\text{ave}+0.5\sigma \leqslant H < \text{ave}+\sigma$
3	中危险性	$\text{ave}-0.5\sigma \leqslant H < \text{ave}+0.5\sigma$
4	低危险性	$H < \text{ave}-0.5\sigma$

表 8.2 中，H 为危险性指标值，ave 为区域内非 0 危险性指标值均值，σ 为区域内非 0 危险性指标值标准差。

8.2.2.2 冰冻危险性区划

吴兴区冰冻危险性分布如图 8.6 所示。冰冻危险性空间分布呈现出西南部危险性高、东北部危险性低的趋势，其中埭溪镇危险性最高，含有一个大面积危险性高值区，织里镇一带危险性低，其余地区危险性中等。

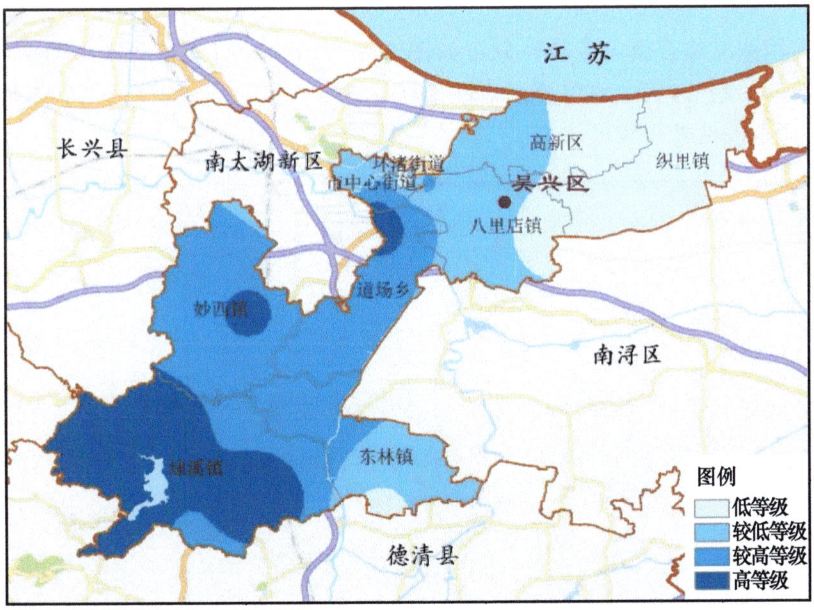

图 8.6 吴兴区冰冻危险性空间分布图

8.2.2.3 覆冰危险性区划

吴兴区覆冰危险性分布如图 8.7 所示。空间分布呈现出北部覆冰厚度大、中南部厚度小的趋势，其中织里镇覆冰厚度最大，其余地区覆冰厚度均较小。

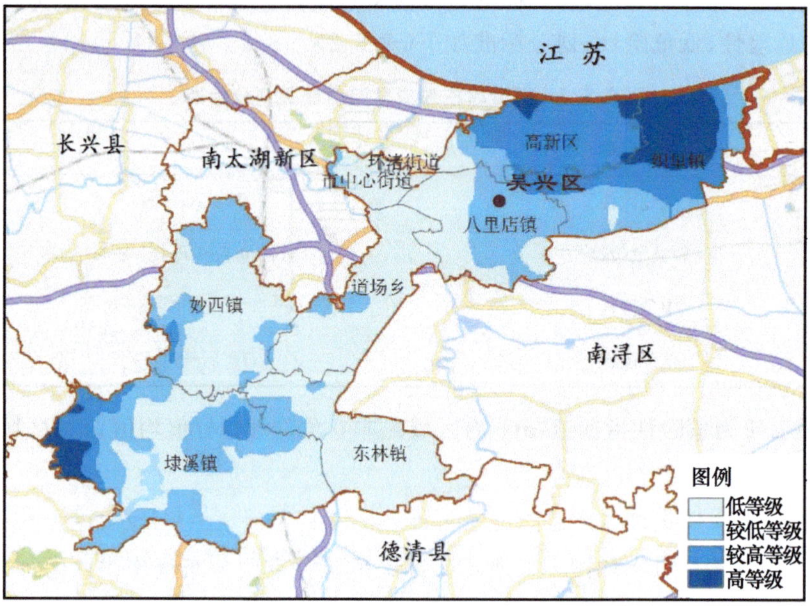

图 8.7 吴兴区覆冰危险性空间分布图

8.2.2.4 综合致灾危险性区划

吴兴区雨雪冰冻综合致灾危险性分布如图 8.8 所示。空间分布呈现出西南部危险性高、东中部危险性低的趋势，其中埭溪镇危险性最高，市中心街道、环渚街道、八里店镇一带危险性最低，其余地区危险性处于较低水平。

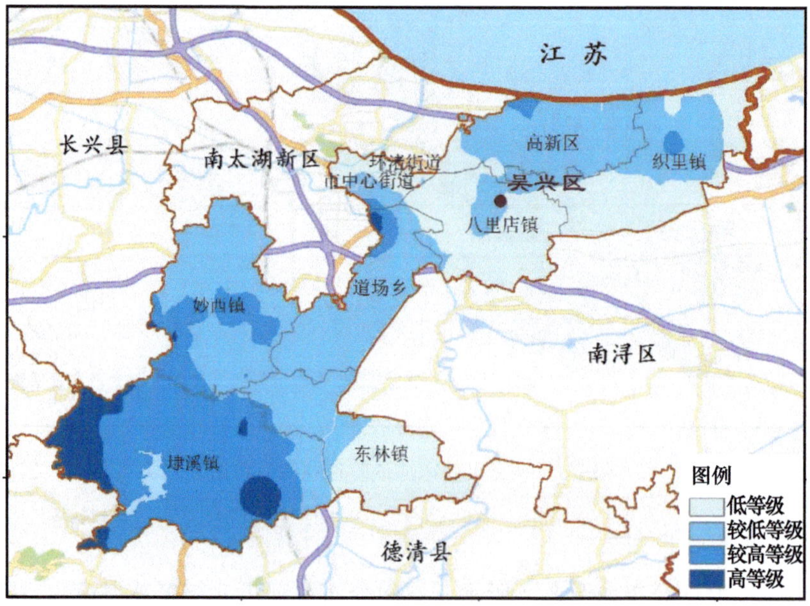

图 8.8 吴兴区雨雪冰冻综合致灾危险性空间分布图

8.3　雨雪冰冻灾害风险评估与区划

8.3.1　承灾体暴露度评估

人口、经济承灾体暴露度评估详见附录 2。

8.3.2　承灾体脆弱性评估

8.3.2.1　人口脆弱性评估区划

随着社会经济发展，人们对暴雨灾害防御能力加强，假设各类人群在当前防御水平下，脆弱性均一，权重均一，即 V_{pop} 为 1。

8.3.2.2　经济脆弱性评估方法

假设经济综合脆弱性包含第一、二、三产业的经济脆弱性，且暴雨在对第一产业造成的损失很大程度上来源于种植业，近似以研究区内种植业量与 GDP 的比值来表征第一产业经济脆弱性。假设灾害对第二、三产业的影响主要来源于对劳动力主体的直接或间接影响，近似以该地区标准化人口密度来表征第二、三产业经济脆弱性。具体公式见 3.3.2.2 节。

8.3.2.3　经济脆弱性评估区划

吴兴区雨雪冰冻灾害脆弱性分布如图 8.9 所示。空间分布呈现城市中心低、城市边缘高的趋势，与 GDP 暴露度空间分布情况相反，越远离城市中心的地区第一产业分布越广泛，人口越稀疏，脆弱性越强，灾害冲击下越难恢复。其中吴兴行政中心所在的市中心街道及其相邻的八里店镇脆弱性最低，其他地区普遍偏低，地区脆弱性与城镇中心距离成正比。

图 8.9　吴兴区雨雪冰冻灾害脆弱性空间分布图

8.3.3 风险评估

8.3.3.1 评估方法

基于雨雪冰冻灾害综合致灾危险性(H)、经济承灾体暴露度(E)以及经济承灾体脆弱性(V),根据区域灾害学理论,建立经济雨雪冰冻灾害风险评估模型,具体如下:

$$R=H\times V\times E \tag{8.6}$$

式中,R 为经济雨雪冰冻灾害综合风险,H、V、E 分别为标准化的雨雪冰冻综合致灾危险性指数、脆弱性指数、暴露度指数。针对不同承灾体,V、E 分别用不同承灾体的相应指标 V_{GDP}、V_{pop}、E_{GDP}、E_{pop} 代替。

8.3.3.2 雨雪冰冻灾害人口风险评估与区划

吴兴区雨雪冰冻灾害受灾人口综合风险分布情况如图 8.10 所示。空间分布呈现周边地区低、城市中心高的趋势,整体趋势受雨雪冰冻灾害人口暴露度空间分布影响最大,城市边缘受到雨雪冰冻综合致灾危险性影响。其中吴兴区行政中心所在的市中心街道及其相邻的环渚街道综合风险最高,其余地区综合风险普遍偏低。

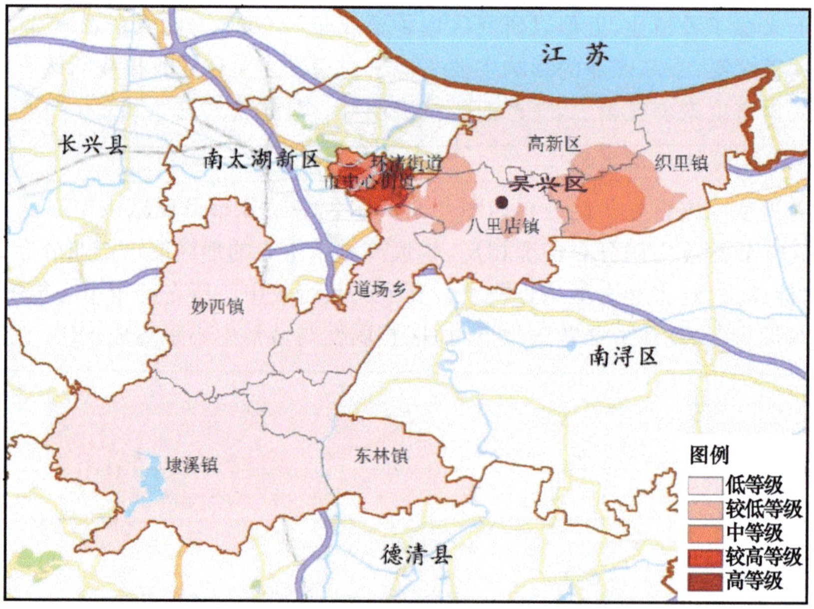

图 8.10 吴兴区雨雪冰冻灾害人口风险分布图

8.3.3.3 雨雪冰冻灾害 GDP 风险评估与区划

吴兴区雨雪冰冻灾害 GDP 综合风险分布情况如图 8.11 所示。空间分布呈现周边地区低、城市中心高的趋势,整体趋势受雨雪冰冻灾害 GDP 脆弱性、雨雪冰冻综合致灾危险性空间分布影响最大,城市边缘受到雨雪冰冻灾害 GDP 暴露度影响。其中吴兴区行政中心所在的市中心街道与环渚街道综合风险最高,其余地区综合风险较低。

图 8.11　南太湖新区雨雪冰冻灾害 GDP 风险分布图

8.4　历史主要雨雪冰冻灾害事件

吴兴区代表气象站(站号:K5130)由于建站较晚,降水观测序列较短,故雨雪冰冻等统计数据参考南太湖新区国家气象站(站号:58450)的数据。根据 8.2.2.1 节中的致灾危险性评估方法,计算各灾种的危险性指标,并根据表 8.2 对致灾事件进行等级划分。根据危险性指标排序,遴选出各灾种历史上十次相对较严重的灾害过程,并给出各次过程的气象统计特征值。

8.4.1　雪灾

利用南太湖新区国家气象站遴选出 1956—2020 年吴兴区十次相对较严重的雪灾灾害过程,以下为各次雪灾过程的气象统计特征值。

表 8.3　吴兴区主要雪灾事件

序号	开始时间 (年-月-日)	结束时间 (年-月-日)	最大积雪深度/cm	过程降雪量/mm	降雪日数/d	等级
1	2018-01-25	2018-02-02	17	48.5	5	高危险性
2	2011-01-18	2011-01-24	18	25.5	5	高危险性
3	2008-01-26	2008-02-13	32	78.9	9	高危险性
4	1984-01-17	1984-02-07	31	111.3	14	高危险性
5	1977-02-09	1977-02-11	19	21.5	2	高危险性
6	1977-01-28	1977-02-05	20	19.9	3	高危险性
7	1977-01-01	1977-01-12	15	49.4	8	高危险性

续表

序号	开始时间（年-月-日）	结束时间（年-月-日）	最大积雪深度/cm	过程降雪量/mm	降雪日数/d	等级
8	1970-03-13	1970-03-15	18	34.8	3	高危险性
9	1969-01-29	1969-02-10	16	55.7	7	高危险性
10	1964-02-17	1964-02-27	24	43.3	7	高危险性

8.4.2 冰冻

利用南太湖新区国家气象站遴选出 1956—2020 年吴兴区历史上十次相对较严重的冰冻灾害过程，以下为各次冰冻过程的气象统计特征值。

表 8.4 吴兴区主要冰冻事件

序号	开始时间（年-月-日）	结束时间（年-月-日）	冰冻持续日数/d	过程累计降水/mm	过程最低气温极值/℃	过程平均气温极值/℃	等级
1	2018-12-02	2018-12-11	10	124.9	−0.8	0.3	高危险性
2	2008-01-11	2008-01-22	12	66.7	−0.6	0.7	高危险性
3	1998-01-07	1998-01-18	12	166.2	−1.7	−0.4	高危险性
4	1993-01-03	1993-01-15	13	110.8	−1.9	−0.3	高危险性
5	1991-12-24	1991-12-28	5	38.9	−7.7	−5.7	高危险性
6	1977-01-26	1977-01-30	5	21.5	−7.9	−5.5	高危险性
7	1972-01-28	1972-02-05	9	73.7	−2.6	−0.7	高危险性
8	1969-01-27	1969-01-31	5	37.9	−6.0	−5.1	高危险性
9	1966-12-14	1966-12-25	12	106.0	−0.3	0.5	高危险性
10	1964-02-14	1964-02-20	7	44.4	−4.7	−3.0	高危险性

第9章 风 雹

9.1 调查资料及处理方法

风雹指伴有冰雹和雷暴大风等强对流天气过程，这两种天气现象经常相伴出现。由于受到高空切变，地面冷空气和不稳定能量等条件的共同影响，使得风雹天气具有极大的社会危害性，且突发性强，预报难度大（郭江勇 等，2005；孙继松 等，2006；段玮 等，2017；赵文慧 等，2019）。其来势迅猛，使庄稼轻则减产，重则绝收，能造成巨大的农业损失。因此，雷暴大风、冰雹天气预报一直是气象部门关注的焦点。

9.1.1 冰雹资料获取及处理

冰雹一般指降落于地面的直径大于 5 mm 的固体降水，冰雹资料来源于吴兴区普查汇交的 1963—2020 年冰雹数据。根据雹日的规定，一天内只要出现冰雹过程，不论次数多少、降雹时间长短，均记为 1 个雹日。一个雹日可能出现多次降雹过程，此时，降雹持续时间和冰雹直径取一个雹日当中的最大值。

降雹时间质量控制。一次降雹过程一般持续 1～15 min，少数在 30 min 或以上，如果记录中出现降雹时间超过 15 min 的，需与观测记录核对，如无法确认则只记录雹日，不记录持续时间。

冰雹特征分析使用普查汇交的吴兴区区域内的所有冰雹数据，冰雹灾害危险性评估利用全省国家气象站冰雹数据统计结果插值得出。

9.1.2 雷暴大风资料获取及处理

根据雷暴大风的定义，极大风速≥17.2 $m \cdot s^{-1}$（风力 8 级）且伴有雷电的天气。因此，通过极大风速及雷电发生情况来判别雷暴大风事件。极大风速资料来自湖州国家气象站（58450 站）建站以来的日极大风速数据及吴兴区内所有乡镇代表站建站至 2020 年的小时极大风速数据，数据来源于浙江省气象信息网络中心。雷电资料选取湖州国家气象站建站至 2013 年人工观测雷暴记录及浙江省 ADTD 闪电定位系统监测的闪电数据，数据分别来源于浙江省气象信息网络中心及浙江省气象安全技术中心。

1. 雷暴大风事件提取方法

(1)剔除台风天气系统导致的过程;(2)有小时记录之前,用58450站日极大风速记录及人工观测雷暴日记录判别;(3)有小时记录当日起:若该日期为2007年之前,则默认4—9月乡镇代表站观测的小时极大风速≥17.2 $m \cdot s^{-1}$的过程均为雷暴大风;若该日期为2007年1月1日之后,则通过乡镇代表站极大风速小时记录和ADTD闪电定位记录来判别。

截至2003年,通过湖州国家气象站日观测资料获得雷暴大风频次为119次,台站观测仪器升级,通过该站小时极大风速记录,观测到雷暴大风频次共27次。此外,通过吴兴区其它乡镇代表站小时极大风速资料获得雷暴大风频次44次,其中吴兴八里店气象观测站最高为15次,吴兴新世纪气象观测站和吴兴气象局气象观测站最低为1次。

2. 数据选取原则

雷暴大风年际变化、月际变化利用湖州国家气象站建站至2003年12月31日的日极大风速记录及2003年12月31日21时至2020年12月31日的小时极大风速记录分析;雷暴大风日变化利用该站小时极大风速记录分析。

雷暴大风灾害危险性评估利用2007—2020年全省乡镇代表站小时极大风速记录及ADTD闪电定位数据来分析,统计时剔除数据时长3年以下的站点。

表9.1 吴兴区乡镇代表站站点信息

站名	乡镇名
吴兴新世纪气象观测站	朝阳街道
吴兴埭溪气象观测站	埭溪镇
吴兴妙西气象观测站	妙西镇
吴兴八里店气象观测站	八里店镇
吴兴东林气象观测站	东林镇
吴兴织里气象观测站	织里镇

9.1.3 社会经济资料收集

收集评估区域最新的社会经济资料,包括各乡镇人口分布、稻田、城镇分布、GDP等社会概况;土地利用类型及面积等,包括:

(1)人口密度栅格数据集:由浙江大学杨续超团队基于浙江省统计局提供的第七次全国人口普查数据制作而成,数据格式为GeoTIFF,空间分辨率为100 m,投影为WGS_1984_UTM_Zone_51N。

(2)GDP密度栅格数据集:由浙江大学杨续超团队基于浙江省统计局提供的社会经济等数据制作而成,数据格式为GeoTIFF,空间分辨率为100 m,投影为WGS_1984_UTM_Zone_48N。

(3)水稻栅格数据集:来源于浙江省气候中心,现势性达到2019年,空间分辨率为500 m,投影为WGS_1984_UTM_Zone_51N。

9.1.4 基础地理信息数据收集

包括吴兴区行政边界、吴兴区下属乡镇(街道)行政边界等数据,数据格式为Esrishapefile，数据更新时间为 2021 年，数据来源于浙江省自然资源厅。

电子地图数据由国务院普查办提供在线底图服务。

DEM(数字高程模型)数据来源于 NASA 官方遥感影像数据下载网站的 NASA DEM 数据集，是基于 SRTM 原始遥测数据生成的接近全球的地球 DEM，数据格式为 GeoTIFF，空间分辨率约为30 m，投影为经纬度投影。

植被覆盖度数据来源于国家气象卫星中心共享的 MODIS 年平均植被覆盖度栅格产品，数据格式为 Envi Image 标准二进制格式，现势性达到 2019 年，空间分辨率约为 250 m，投影为经纬度投影。

9.1.5 指标数据归一化处理方法

为了消除各指标的量纲和数量级差异，采用 Max-min 标准化方法对各评估单元间的评估指标进行归一化处理，将有量纲的数值转化为无量纲的数值。计算公式为：

$$x'=\frac{x-x_{\min}}{x_{\max}-x_{\min}} \tag{9.1}$$

式中，x'为归一化后的数据，x 为样本数据，$x_{\min}$为样本数据中的最小值，$x_{\max}$为样本数据中的最大值。

9.2 风雹特征分析

9.2.1 冰雹特征分析

通过调查，吴兴区共观测到降雹日数 14 d。从年际变化来看(图 9.1)，1971 年雹日最多，为 3 d；1967 年次之，为 2 d；1991 年后，冰雹事件发生频次明显降低。

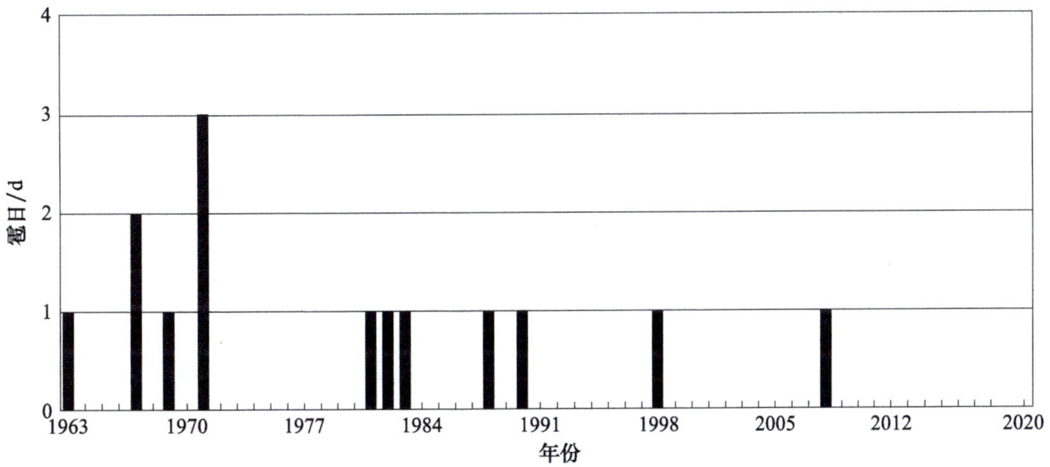

图 9.1 1963—2020 年吴兴区累积雹日变化图

图 9.2 为吴兴区 1963—2020 年累积雹日月际变化，吴兴区冰雹 2—6 月出现较为集中。冰雹主要发生在春夏季节，占总雹日的 85.7%，其中春季 3 月雹日最多，为 5 次；2 月、5 月和 11 月雹日最少，为 1 次。

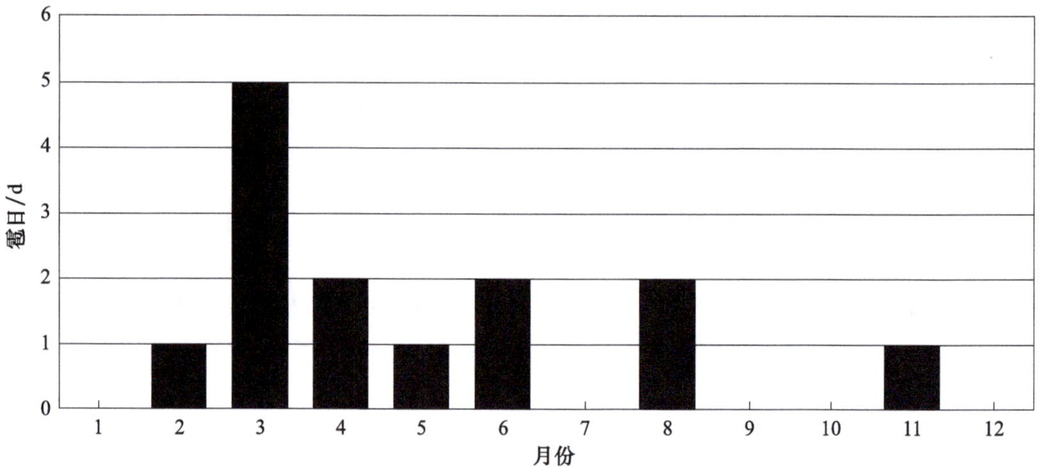

图 9.2　1963—2020 年吴兴区累积雹日月际变化图

9.2.2　雷暴大风特征分析

9.2.2.1　年际变化

湖州国家气象站雷暴大风频次年际变化见图 9.3，共监测到雷暴大风 146 次，年平均频次为 2.7 次/a。其中雷暴大风频次最高出现在 1967 年，为 12 次，频次最低出现仅为 1 次。

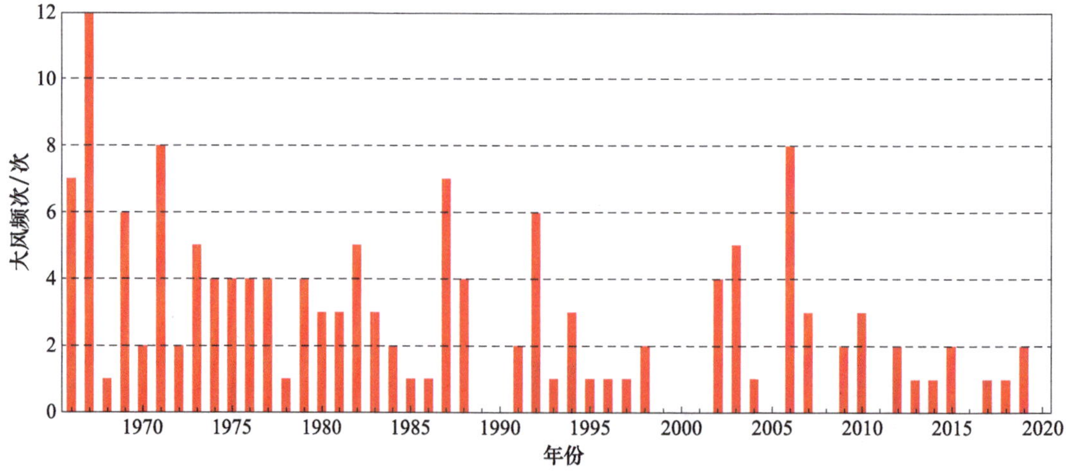

图 9.3　1963—2020 年湖州国家气象站雷暴大风频次年际变化图

湖州国家气象站雷暴大风强度年际变化见图 9.4，各年年极大风速极值较为接近，最高为 32.9 m·s^{-1}，出现在 1979 年；最低为 17.3 m·s^{-1}，出现在 2013 年。

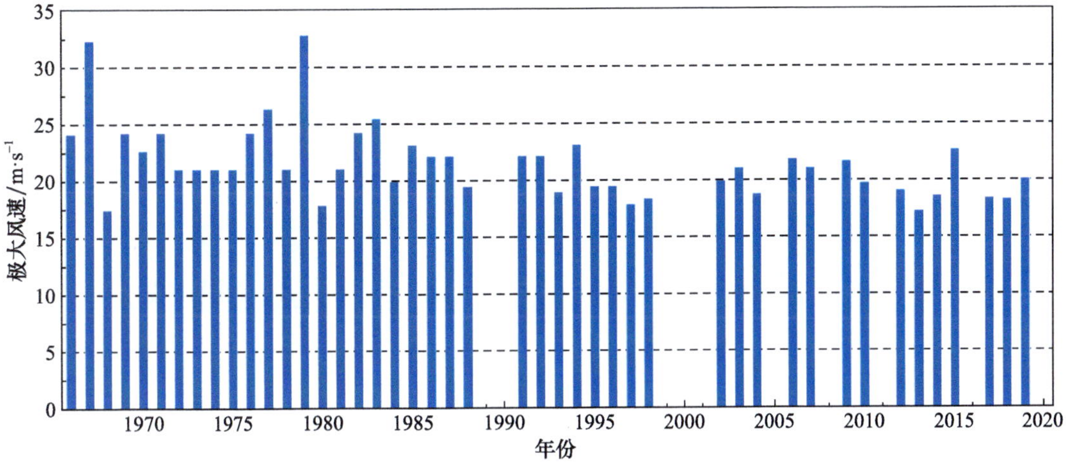

图 9.4　1963—2020 年湖州国家气象站雷暴大风强度年际变化图

9.2.2.2　月际变化

从湖州国家气象站雷暴大风月际变化来看(见图 9.5、图 9.6)，主要发生在 2—11 月，雷暴大风频次最高出现在 7 月盛夏，为 36 次，占总频次的 24.7%，其次出现在 8 月，为 31 次，占总频次的 21.2%。这与吴兴区强对流活动分布较为一致，夏季为强对流的高发季节。从雷暴大风强度来看，4 月和 7 月雷暴大风强度较高，月极大风速极值为超过 30.0 m·s^{-1}，10 月出现的雷暴大风强度最低，月极大风速极值为 19.1 m·s^{-1}。

9.2.2.3　日变化

图 9.7、图 9.8 为湖州国家气象站雷暴大风日变化图，吴兴区雷暴大风频次具有明显的日变化特征，午后至夜间为雷暴大风的高发时段，频次最高出现在夜间 20 时，为 4 次；早晨至上午雷暴大风发生频次稍有降低，最少仅为 1 次。从雷暴大风强度日变化来看，22 时雷暴大风强度最高，极大风速极值为 22.7 m·s^{-1}。

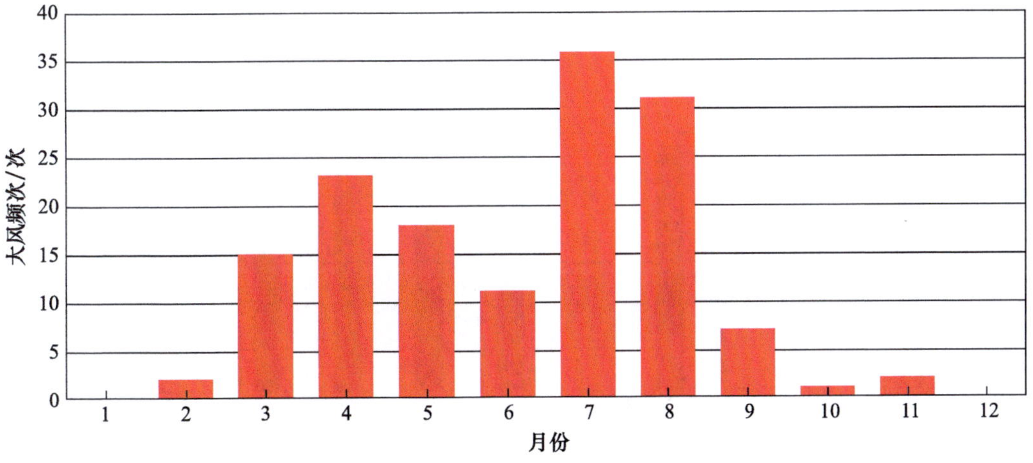

图 9.5　1963—2020 年湖州国家气象站雷暴大风累计频次月际变化图

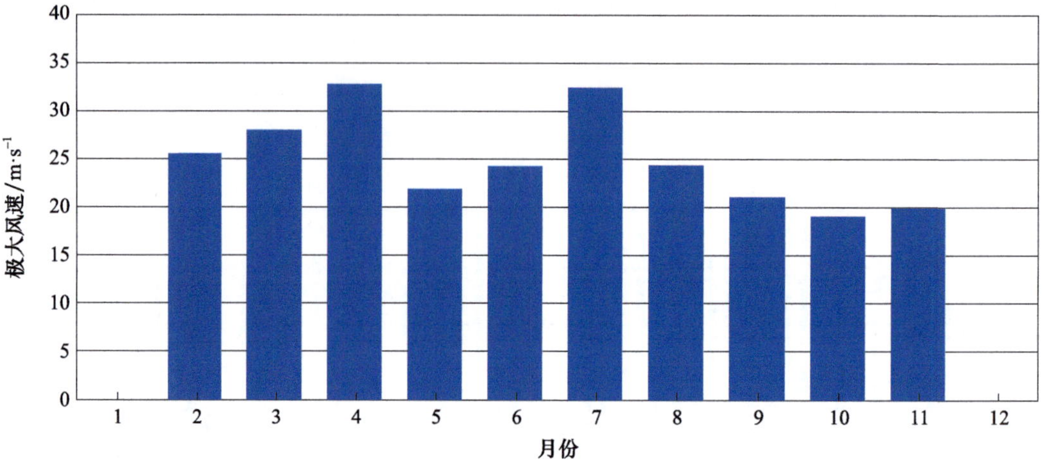

图 9.6　1963—2020 年湖州国家气象站雷暴大风平均强度月际变化图

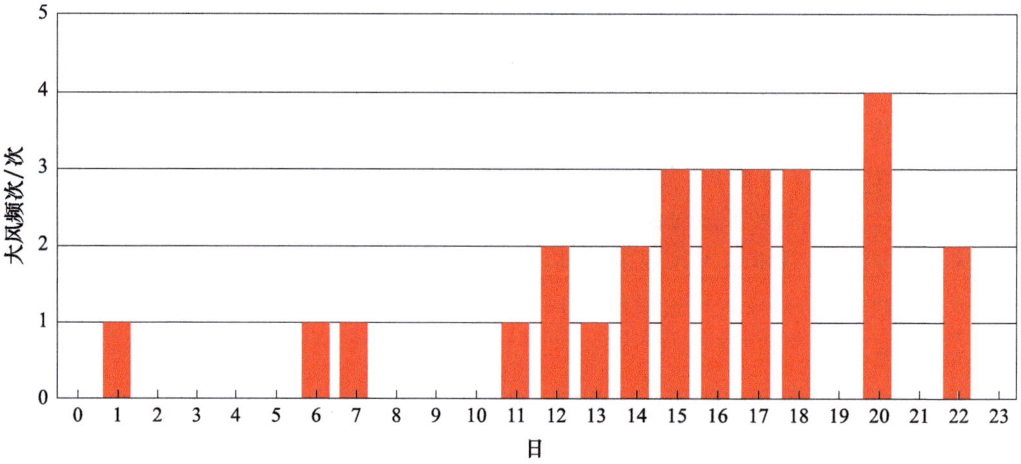

图 9.7　1963—2020 年湖州国家气象站雷暴大风累计频次日变化图

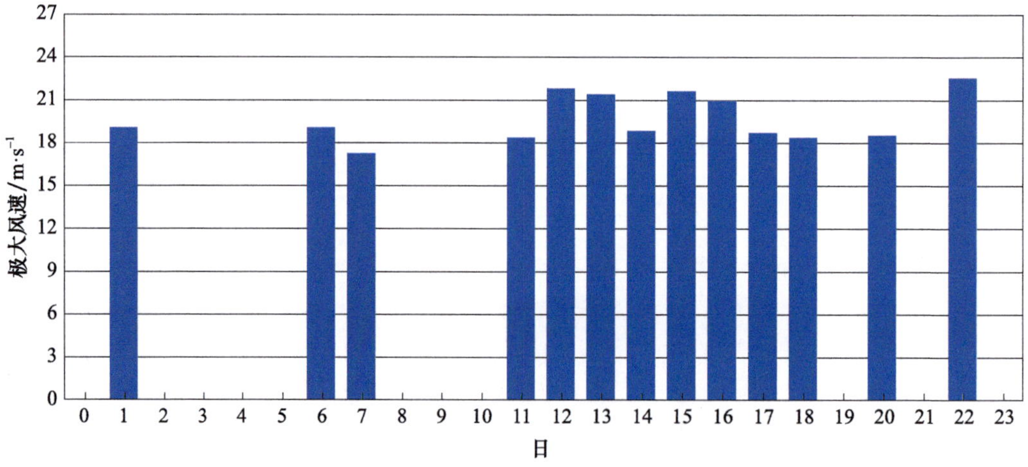

图 9.8　1963—2020 年吴兴区雷暴大风平均强度日变化图

9.3 危险性评估

根据风雹灾害特点，确定致灾因子，并建立危险性指数，利用自然断点等方法，将灾害危险性划分为低危险性、较低危险性、较高危险性和高危险性 4 个等级。

9.3.1 冰雹灾害危险性评估

根据《浙江省气象灾害调查与风险评估实施技术细则》12.3.2 风雹灾害风险评估及区划，冰雹灾害危险性评估有两种方法。

方法一：

$$H_1 = 0.5X_G + 0.5X_R \tag{9.2}$$

式中：X_G为冰雹强度指数样本平均值，将通过灾损指数确定的冰雹致灾因子加权求和得到，X_R为雹日样本累计值。计算前各因子先进行空间范围的归一化处理。

方法二：直接选用最大冰雹直径、降雹持续时间、雹日作为冰雹灾害致灾因子来冰雹灾害危险性指数：

$$H_1 = w_D \times X_D + w_T \times X_T + w_R \times X_R \tag{9.3}$$

式中，X_D为最大冰雹直径样本平均值，X_T为降雹持续时间样本平均值，X_R为雹日样本累计值，计算前各因子先在评估区域空间范围内进行归一化处理。w_D、w_T、w_R分别为三个因子的权重，$w_D + w_T + w_R = 1$。

1978—2020 年吴兴区国家气象观测站共观测到冰雹记录 7 条，经计算得到雹日累计值为 7 d，降雹持续时间有效样本平均值为 5.4 min，最大冰雹直径有效样本平均值为 8.7 mm。利用全省国家气象站累积雹日数据，采用插值方法得到吴兴区雹日空间分布图(图 9.9)。雹日高值区主要出现在高新区大部、妙西镇大部、埭溪镇东北部及东林镇大部，在 8.5 d 以上。道场乡西北部、市中心街道及环渚街道大部累积雹日最低，少于 7.8 d。

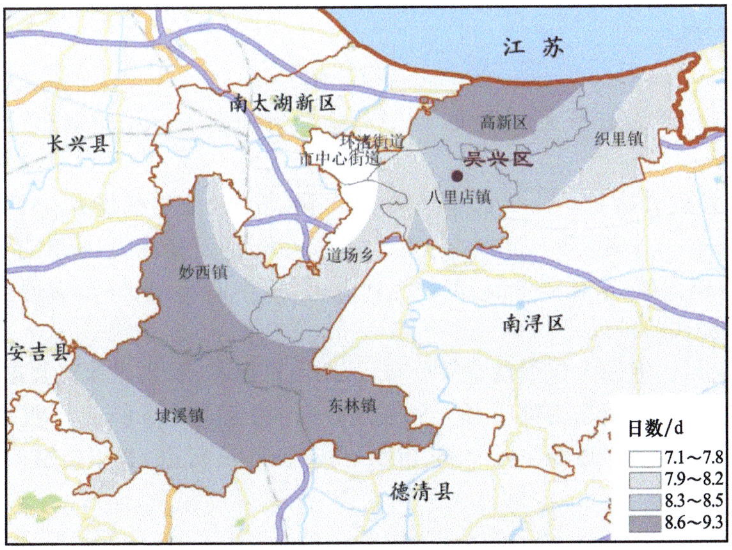

图 9.9 吴兴区冰雹日数空间分布图

采用方法二计算冰雹灾害危险性指数，w_D、w_T、w_R权重比设为 2：2：6。从吴兴区冰雹灾害危险性分布图来看(图 9.10)，高新区中北部、妙西镇西南部、埭溪镇大部及东林镇大部为高危险性，道场乡西北部、市中心街道及环渚街道大部为低危险性区，其他地区为较低危险性区或较高危险性区。

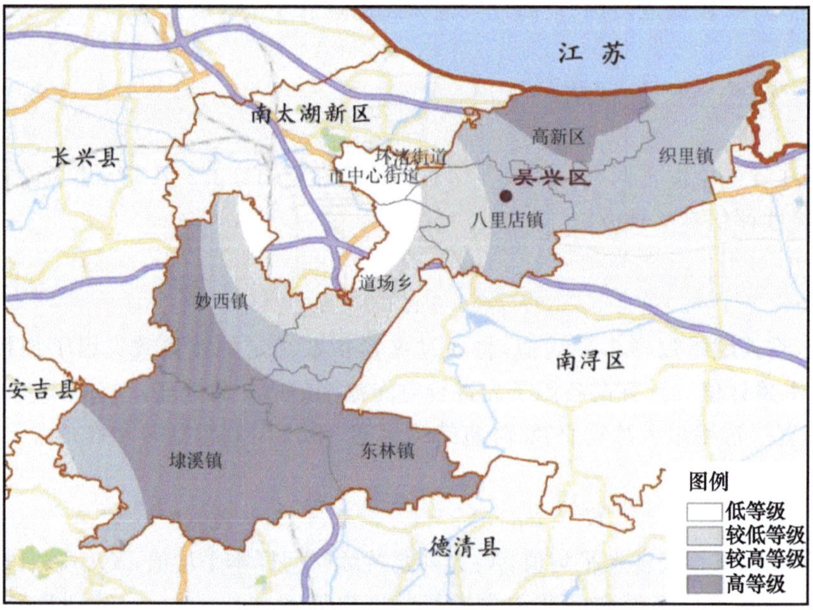

图 9.10　吴兴区冰雹灾害危险性分布图

9.3.2　雷暴大风灾害危险性评估

根据《浙江省气象灾害调查与风险评估实施技术细则》12.3.2 风雹灾害风险评估及区划，采用发生雷暴大风的年平均次数(频次，次/a)和极大风速大小(强度，$m \cdot s^{-1}$)计算雷暴大风灾害危险性指数(H_2)。

$$H_2 = w_G \times G + w_P \times P \tag{9.4}$$

G 为雷暴大风强度，P 为雷暴大风频次，w_G、w_P 分别为各因子的权重，权重比设为 4：6，且 $w_G + w_P = 1$。

利用全省乡镇代表站 2007—2020 年雷暴大风小时记录，采用插值方法得到吴兴区雷暴大风频次及强度分布。由图 9.11 可见，吴兴区雷暴大风主要集中在八里店镇中东部，超过 0.9 次/年。妙西镇大部、东林镇中部、道场乡西北部、市中心街道、环渚街道大部及织里镇南部局部雷暴大风频次均较低。

图 9.12 为吴兴区雷暴大风强度空间分布，从图中可以看出，雷暴大风强度总体呈西南高、东北低的分布特征，埭溪镇东南部雷暴大风强度较高，超过 20.4 $m \cdot s^{-1}$，雷暴大风强度低值区主要出现在妙西镇中部、道场乡西北部、市中心街道、环渚街道、八里店镇西部及东部局部、织里镇南部局部。

图 9.11　吴兴区雷暴大风频次空间分布图

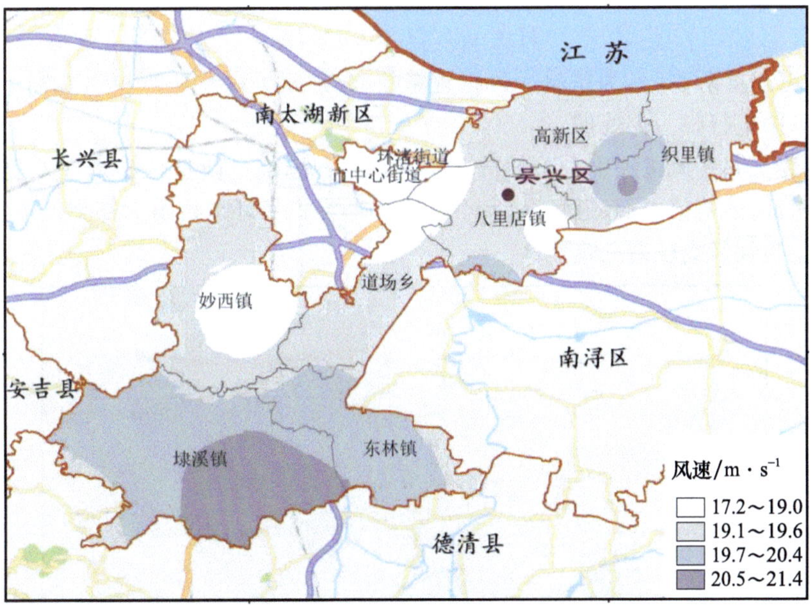

图 9.12　吴兴区雷暴大风强度空间分布图

图 9.13 为吴兴区雷暴大风灾害危险性分布图，从图中可以看出，高危险性区主要出现在八里店镇中东部及埭溪镇中南部，妙西镇中部、道场乡西北部、市中心街道、环渚街道大部及织里镇西南部局部为低危险性区，其他地区为较低危险性区或较高危险性区。

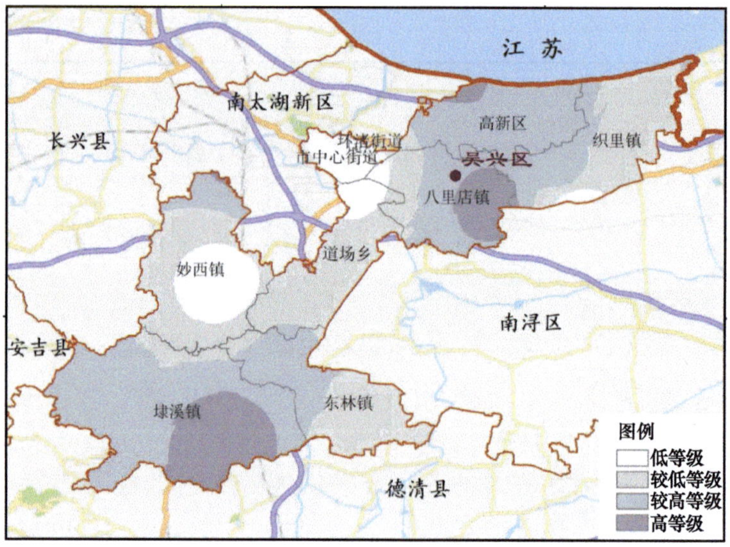

图 9.13 吴兴区雷暴大风灾害危险性分布图

9.3.3 风雹灾害危险性评估

对雷暴大风、冰雹危险性指数累积加权得到风雹灾害综合危险性指数 H,采用专家打分法确定权重系数:

$$H = w_1 \times H_1 + w_2 \times H_2 \tag{9.5}$$

其中 w_1 为冰雹权重系数,w_2 为雷暴大风权重系数,分别赋予权重 0.3 和 0.7。计算前 H_1、H_2 先在空间样本中进行归一化处理。

图 9.14 为吴兴区风雹灾害危险性分布图,由图可见,高危险性区出现在八里店镇中东部及埭溪镇中南部,妙西镇中部、道场乡西北部、市中心街道及环渚街道大部为低危险性区,其他地区为较低危险性区或较高危险性区。

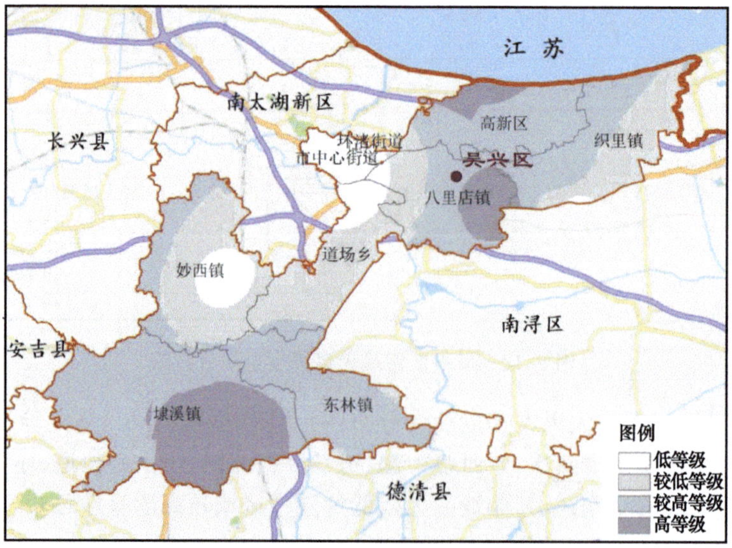

图 9.14 吴兴区风雹灾害危险性分布图

9.4 风雹灾害风险评估与区划

9.4.1 孕灾环境敏感性

冰雹灾害是强对流云团发生、发展和快速移动的产物，地表海拔高度对冰雹云的形成有重要影响。同时，海拔高度与雷暴大风的关系密不可分，一般来说，风速随高度增加而递增，高海拔地区无遮挡物，因此地势较高比地势较低的地区更容易遭受大风侵袭，可见海拔高度越高，雷暴大风危险性越大。

此外，雷暴大风灾害和当地的地表覆盖类型、覆盖度紧密相关。大风的产生和发展，受森林的影响巨大，成群的林木是天然的防风屏障。森林覆盖密度越高，雷暴大风致灾作用越弱，反之则致灾作用越明显。故应考虑到植被覆盖密度在雷暴大风孕灾环境中的重要性。

孕灾环境主要考虑海拔高度、植被覆盖度等因子对风雹灾害形成的综合影响（杨振鑫 等，2016）。综合考虑各影响因子对调查区域孕灾环境敏感性的不同贡献程度，运用层次分析法和专家打分法设置相应的权重，加权求和计算得到孕灾环境敏感性评估指标（S）。

$$S = w_{H} \times \text{海拔高度} + w_{V} \times (1 - \text{植被覆盖度}) \tag{9.6}$$

w_{H}、w_{V}为各自的权重，分别取 0.6 和 0.4，计算时海拔高度和植被覆盖度先在空间样本中进行归一化处理。

吴兴区海拔高度分布见图 9.15，境内以分割破碎的低山、丘陵以及广阔平原为基本特色。地势自西南向东北倾斜，低山丘陵以及盆地主要分布在西南部，由天目山东支延伸到市郊的埭溪、妙西一带而形成。东北部为湖沼型沉积平原，地势低洼，平均海拔约 3.5 m。河网密布，湖塘众多，地下水位很高。由于人类长期活动的结果，原始地形已受到改变，河岸修筑了高出地面 1.0～3.0 m 的河堤，从而构成了特殊的地貌景观。

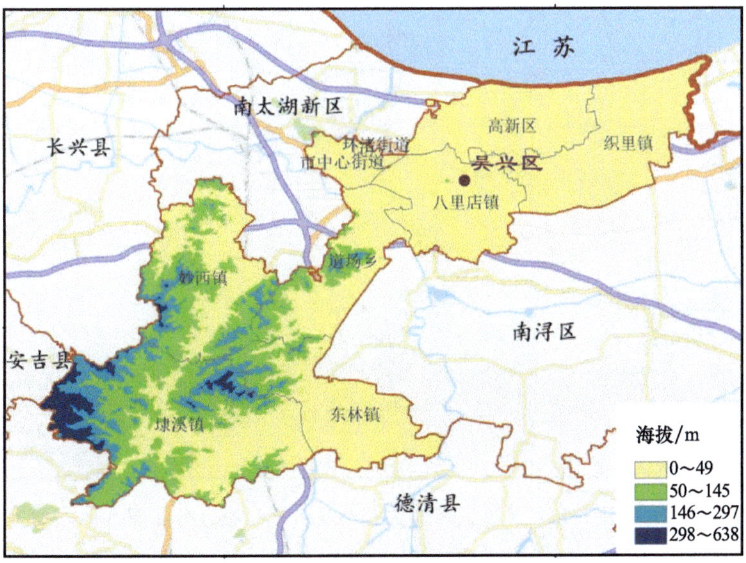

图 9.15 吴兴区海拔高度分布图

图 9.16 为吴兴区植被覆盖度分布图。可以看出，吴兴区植被覆盖度整体呈西南高、东北低的趋势，道场乡大部及埭溪镇北部相对较高。

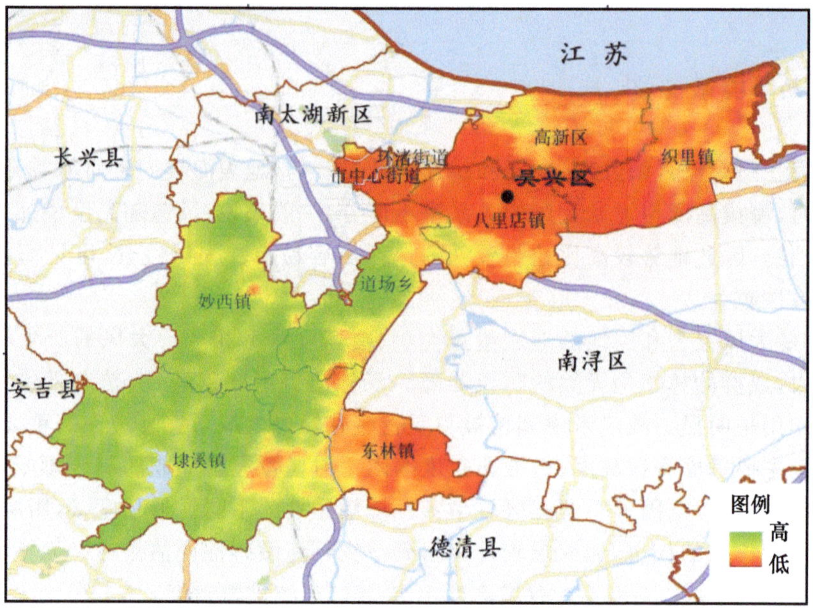

图 9.16　吴兴区植被覆盖度分布图

图 9.17 为吴兴区风雹孕灾环境敏感性分布，整体呈东北高、西南低的分布趋势，高新区南部、织里镇西南部、八里店镇中北部、市中心街道大部及东林镇东部孕灾环境敏感性较高。

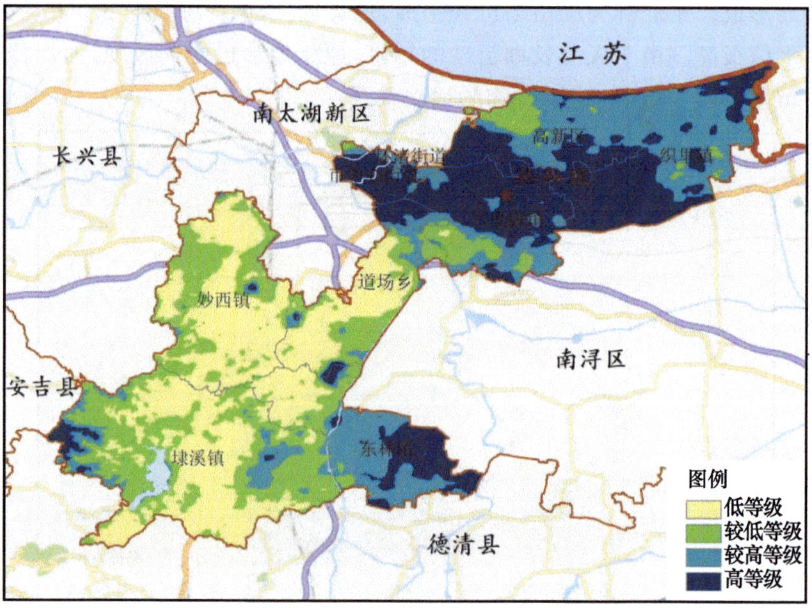

图 9.17　吴兴区风雹灾害孕灾环境敏感性分布图

9.4.2 承灾体易损性

风雹发生在人口密集区、经济发达地区和农作物耕种区造成的损失往往较大，浙江选择人口、经济及水稻作为表征风雹灾害承灾体易损性的指标。

承灾体易损性(S)通常表示为承灾体的暴露度(D)×脆弱性(F)。人口、经济和水稻的暴露度分别用人口密度、地均GDP及水稻播种面积来表示；脆弱性分别使用人员伤亡数占人口的比重、直接经济损失占GDP的比重以及水稻受灾面积占播种面积的比重来表示。由于吴兴区人口、经济及水稻的灾损数据缺失，因此，使用人口密度表征人口易损性 V_P、使用地均GDP表征经济易损性 V_E、使用水稻播种面积表征水稻易损性 V_A。

图9.18—图9.20分别为吴兴区人口暴露度、GDP暴露度及水稻暴露度分布。由图9.18可见，吴兴区人口主要集中在市中心街道大部、环渚街道大部及织里镇西南部局部，其他地方均为低风险或较低风险。GDP暴露度(图9.19)分布与人口暴露度分布基本一致，主要集中在市中心街道大部、环渚街道大部及织里镇西南部局部。

从水稻暴露度分布来看(图9.20)，主要集中在高新区西北部、八里店镇中部、妙西镇东北部局部、埭溪镇东部及中部局部、道场乡中部局部及南部局部，高新区东部、织里镇大部、八里店镇西部、市中心街道大部、环渚街道、妙西镇中南部、埭溪镇西部及东林镇中东部无水稻种植。

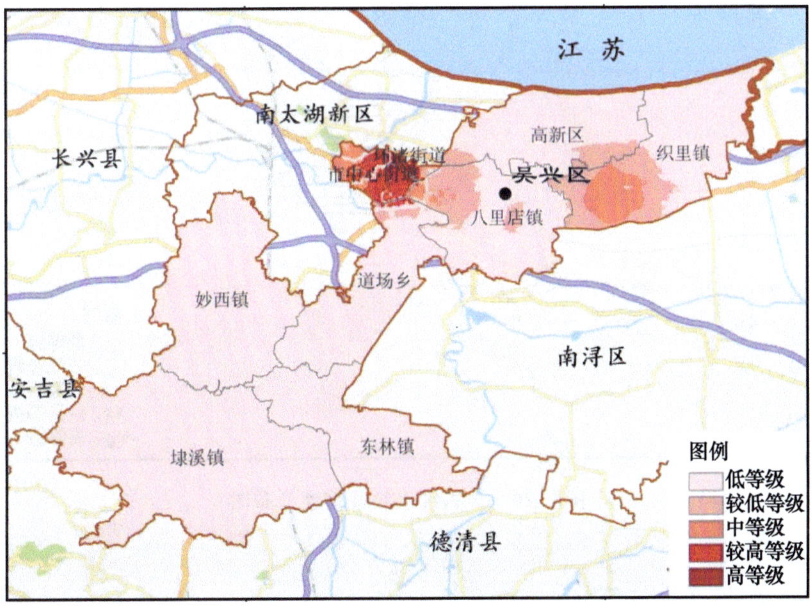

图9.18 吴兴区人口暴露度分布图

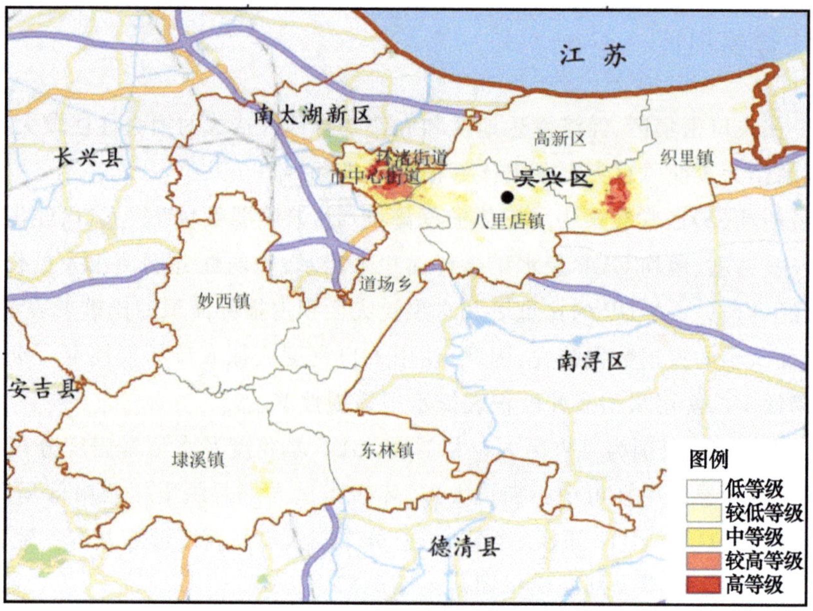

图 9.19 吴兴区 GDP 暴露度分布图

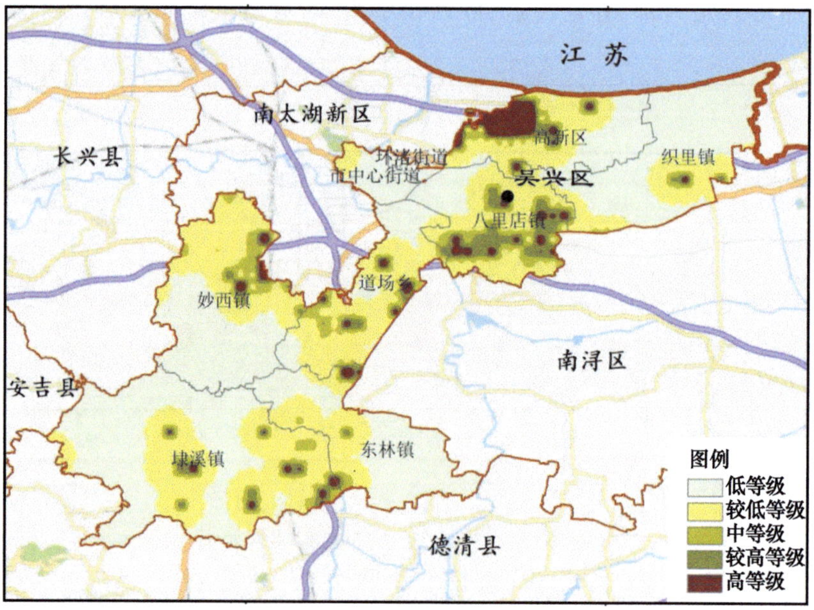

图 9.20 吴兴区水稻暴露度分布图

9.4.3 风雹风险评估与区划

结合致灾因子危险性指数(H)、孕灾环境敏感性指数(S)、承灾体易损性指数(V)，以加权求积的方法对风雹灾害对人口、经济及水稻的影响进行了评估，分别得到评估区域内的风雹灾害风险评估指数(R)。

人口影响风险指数 $$R_P = H^{\omega_H} \times S^{\omega_S} \times V_P^{\omega_V} \tag{9.7}$$

经济影响风险指数 $$R_E = H^{\omega_H} \times S^{\omega_S} \times V_E^{\omega_V} \tag{9.8}$$

水稻影响风险指数 $$R_A = H^{\omega_H} \times S^{\omega_S} \times V_A^{\omega_V} \tag{9.9}$$

式中,ω_H、ω_S、ω_V分别为各指数权重。利用专家打分法 ω_H、ω_S和 ω_V分别赋予权重 0.5、0.2 和 0.3,由于当权重越大,各指数影响反而越小,因此计算时需先将 H、S、V 扩大 10 倍。

利用自然断点等方法,将风雹灾害对不同承灾体的风险划分为低风险、较低风险、中风险、较高风险和高风险 5 个等级,绘制评估区域的风雹灾害风险区划图(图 9.21—图 9.23)。如图 9.21 所示,吴兴区风雹灾害人口风险区划自西南向东北递增,较高风险及高风险区域主要分布在市中心街道大部、环渚街道大部、八里店镇大部、高新区东南部及织里镇西南部,低风险区域主要分布在道场乡大部、妙西镇大部、东林镇西北部局部及埭溪镇大部,其余乡(镇、街道和区)风险区划等级为中或较低。

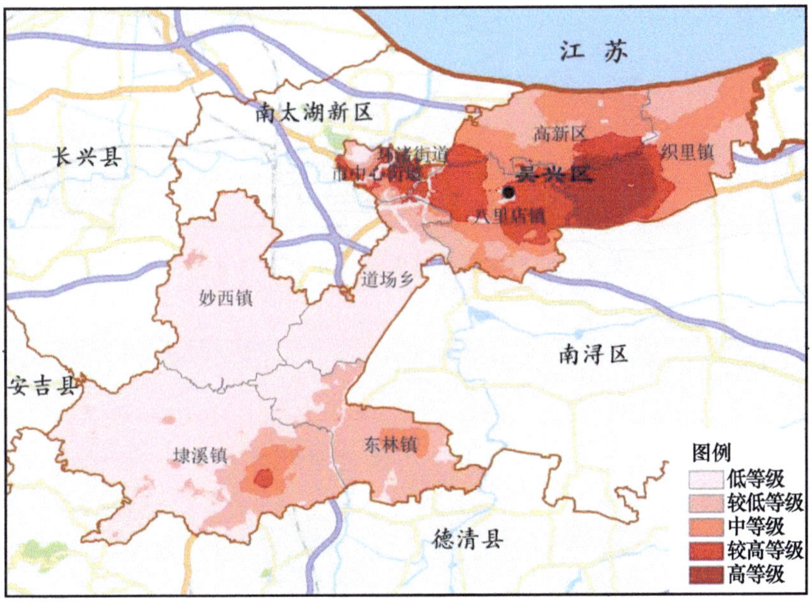

图 9.21 吴兴区风雹灾害人口风险区划图

吴兴区风雹灾害 GDP 风险区划见图 9.22,吴兴区 GDP 风险区划自西南向东北递增,较高风险及高风险区域主要分布在市中心街道东部、八里店镇中部局部及织里镇西南部,低风险区域主要分布在妙西镇大部、道场乡西南部、埭溪镇大部及东林镇西北部,其余乡(镇、街道和区)风险区划等级为中或较低。

吴兴区风雹灾害水稻风险区划见图 9.23,较高风险及高风险区域主要分布在高新区西北部、八里店镇中东部、埭溪镇东部及中部,高新区东部、织里镇大部、八里店镇西部、市中心街道大部、环渚街道、妙西镇中南部、埭溪镇西部及东林镇大部为低风险区。

综合考虑风雹灾害对人口、经济和水稻的影响,对不同承灾体的风险值进行归一化后,建立综合风险指数:

$$R = w_P \times R_P + w_E \times R_E + w_A \times R_A \tag{9.10}$$

式中，R 为综合风险指数，计算时 R_P、R_E、R_A 分别进行归一化处理，w_P、w_E 和 w_A 为采用层次分析法、专家打分法等方法确定的各指标对应的权重，且 $w_P+w_E+w_A=1$，本章中 w_P、w_E 和 w_A 分别为 0.5、0.4 和 0.1。

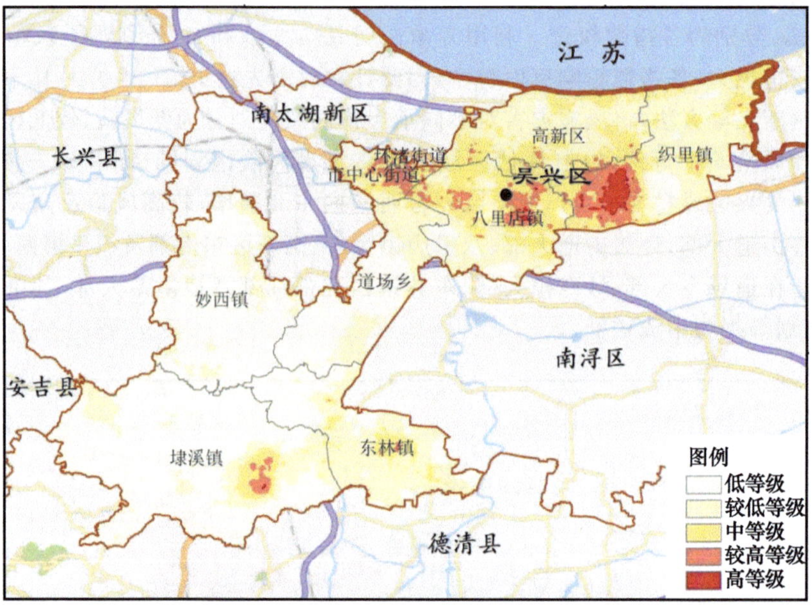

图 9.22　吴兴区风雹灾害 GDP 风险区划图

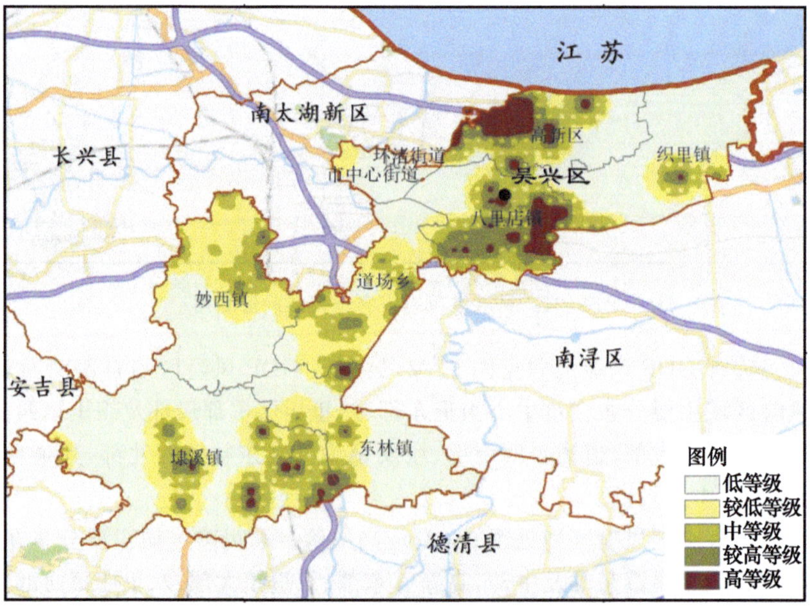

图 9.23　吴兴区风雹灾害水稻风险区划图

利用自然断点法等方法，将综合风险评估结果划分为低风险、较低风险、中风险、较高风险和高风险 5 个等级，绘制风雹灾害综合风险区划图。如图 9.24 所示，风雹灾害较高风险和高风险区域在市中心街道大部、环渚街道大部、八里店镇北部、高新区南部局部及织里镇西南部，低风险区域主要分布在道场乡大部、妙西镇大部及埭溪镇大部，其余乡（镇、街道和区）风险区划等级为中或较低。

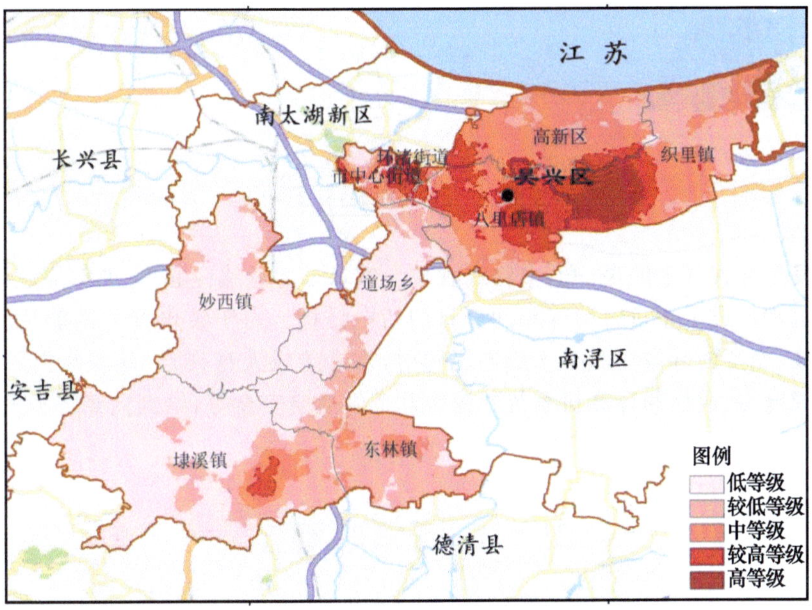

图 9.24　吴兴区风雹灾害综合风险区划图

第10章 雷电

雷电是发生在大气中的声、光、电物理现象。雷暴云通过感应起电、非感应起电、对流起电等多种起电过程形成了正负电荷区相间分布的荷电结构。由于雷电释放的能量巨大,再加上强烈的冲击波、剧变的静电场和强大的电磁辐射,常常造成人畜伤亡、建筑物损毁甚至引发火灾、爆炸,造成电力、通信和计算机系统的瘫痪和危及航空安全等,给国民经济和人民生命财产带来巨大的损失。

10.1 资料和方法

10.1.1 普查资料

(1)雷暴日人工观测资料:对辖区内气象台站人工观测雷暴日资料进行普查,获取1957—2013年湖州国家基本气象站雷暴日观测数据共684条。

(2)闪电定位资料:对行政区划内ADTD闪电定位资料进行普查,获取2007—2020年吴兴区地闪监测数据共33652条,每条数据记录信息包括地闪发生时间、地点、雷电流幅值、陡度等。全省ADTD闪电定位站点分布如图10.1所示。

(3)历史雷电灾害资料:对行政区划内由各级气象主管机构认定或符合《雷电灾害调查技术规范》(QX/T 103—2017)中9.3.1要求的雷电灾害事例资料进行普查,获取1998—2020年吴兴区雷电灾害记录数据共56条,每条数据记录信息包括雷灾发生时间、地点、灾情描述、损失信息、受灾单位、受灾环境等。

(4)易燃易爆场所资料:对行政区划内易燃易爆场所资料进行普查,获取吴兴区易燃易爆场所信息数据共65条,每条数据记录信息包括易燃易爆场所名称、地点、责任人信息等。

10.1.2 共享资料

(1)基础地理信息数据:包括行政边界、下属乡镇街道行政边界、河网水系等数据,数据格式为Esrishapefile,整体现势性达到2021年,数据来源于浙江省自然资源厅。

(2)电子地图数据:由国务院普查办提供在线底图服务。

(3)DEM数据:来源于NASA 2020年公开发布的DEM数据,数据格式为GeoTIFF,空间

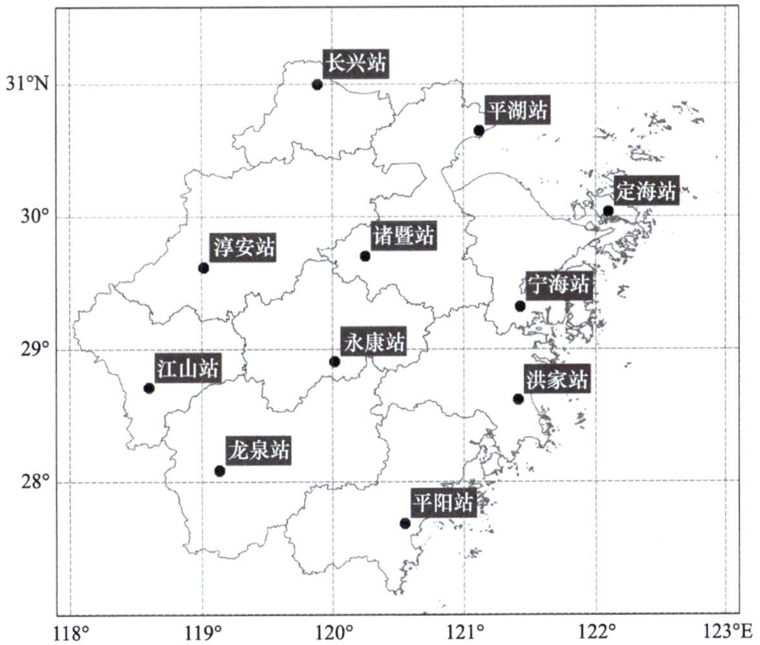

图 10.1 浙江省 ADTD 闪电定位站点分布图

分辨率约为 30 m,投影为经纬度投影。

(4)植被覆盖度数据:来源于国家气象卫星中心共享的 MODIS 年平均植被覆盖度栅格产品,数据格式为 Envi Image 标准二进制格式,现势性达到 2019 年,空间分辨率约为 250 m,投影为经纬度投影。

(5)土壤电导率数据:数据来源于联合国粮农组织(FAO)和维也纳过激应用系统研究所(IIASA)所构建的世界土壤数据库(Harmonized World Soil Database version 1.1)(HWSD)。中国境内数据源为第二次全国土地调查南京土壤所提供的 1∶100 万土壤数据,数据格式为 grid 栅格格式,投影为 WGS84,采用的土壤分类系统主要为 FAO-90。

(6)人口密度栅格数据集:由浙江大学杨续超团队基于浙江省统计局提供的第七次全国人口普查数据制作而成,数据格式为 GeoTIFF,空间分辨率为 100 m,投影为 WGS_1984_UTM_Zone_51N。

(7)GDP 密度栅格数据集:由浙江大学杨续超团队基于浙江省统计局提供的社会经济等数据制作而成,数据格式为 GeoTIFF,空间分辨率为 100 m,投影为 WGS_1984_UTM_Zone_48N。

(8)土地利用类型数据:来源于中国科学院空天信息创新研究院的 2020 年全球 30 m 精细地表覆盖产品(GLC_FCS30_2020)。该数据是在 2015 年全球精细地表覆盖产品(GLC_FCS30_2015)基础上,结合 2019—2020 年时序 Landsat 地表反射率数据、Sentinel-1SAR 数据、DEM 地形高程数据、全球专题辅助数据集以及先验知识数据及生产得到。

10.1.3 特征分析方法

基于上述数据资料,对该区域雷电及其灾害特征进行统计分析,其中雷电定位资料按《雷电灾害风险区划技术指南》(QX/T 405—2017)中5.2.2的要求进行数据质量控制。本章所述归一化处理均按下式进行：

$$D=0.5+0.5\times\frac{A-\min}{\max-\min} \tag{10.1}$$

10.1.4 危险性评估方法

雷电灾害危险性评估模型由雷电灾害危险性指数计算和雷电灾害危险性等级划分组成，雷电灾害危险性指数计算包括致灾因子分析和孕灾环境分析。根据ADTD闪电定位数据统计各网格雷击点密度，并进行归一化处理；将雷电强度按百分位数法划分等级，统计各网格内不同雷电流幅值等级的雷击频次，并进行归一化处理，计算各网格内地闪强度；孕灾环境的影响因子包括海拔高度、地形起伏度、土壤电导率，分别进行归一化处理；根据致灾因子和孕灾环境影响因子，按照层次分析法确定权重系数，根据致灾危险性指数RH模型进行计算。

$$RH=(L_d\times \mathrm{wd}+L_n\times \mathrm{wn})+(S_c\times \mathrm{ws}+E_h\times \mathrm{we}+T_r\times \mathrm{wt}) \tag{10.2}$$

式中：RH为致灾危险性指数；L_d为雷击点密度；wd为雷击点密度权重，取值0.35；L_n为地闪强度；wn为地闪强度权重，取值0.35；S_c为土壤电导率；ws为土壤电导率权重，取值0.03015；E_h为海拔高度；we为海拔高度权重，取值0.1299；T_r为地形起伏；wt为地形起伏权重，取值0.13995。

根据致灾危险性指数RH计算结果，按照自然断点法划分危险性等级，并绘制致灾危险性分布图，完成危险性评估。

10.1.5 风险评估方法

雷电灾害风险区划模型由雷电灾害风险指数计算和雷电灾害风险等级划分组成，雷电灾害风险指数计算包括致灾因子分析和承灾体易损性分析。承灾体易损性分析包括承灾体暴露度分析和脆弱性分析。

雷电灾害风险指数按下式计算：

$$LDRI=(RH^{\mathrm{wh}})\times(RE^{\mathrm{we}}\times RF^{\mathrm{wf}}) \tag{10.3}$$

式中：$LDRI$为雷电灾害风险指数；RH为致灾因子危险性；wh为致灾因子危险性权重，取值0.5；RE为承灾体暴露度；we为承灾体暴露度权重，取值0.3；RF为承灾体脆弱性；wf为承灾体脆弱性权重，取值0.2。

雷电灾害风险评估分为雷电灾害GDP损失风险、雷电灾害人口损失风险和雷电灾害综合风险。雷电灾害GDP损失风险的承灾体暴露度RE取GDP密度G_d，并进行归一化处理。承灾体脆弱性取经济损失指数M_l，并进行归一化处理。M_l的计算方法如下：

$$M_l=0.5\times F+0.5\times M \tag{10.4}$$

式中，M_l为经济损失指数，F为年平均雷电灾害次数的归一化值，M为年平均雷击造成直接经济损失的归一化值。

雷电灾害人口损失风险的承灾体暴露度RE取人口密度P_d，并进行归一化处理。承灾体脆弱性取生命损失指数C_l，并进行归一化处理。C_l的计算方法如下：

$$C_l=0.5\times F+0.5\times C \tag{10.5}$$

式中，C_l为生命损失指数，F 为年平均雷电灾害次数的归一化值，C 为年平均雷击造成人员伤亡数的归一化值。

以油库、气库、弹药库、化学品仓库、烟花爆竹等易燃易爆场所数量除以土地面积，得到易燃易爆场所密度I_d，并进行归一化处理。雷电综合风险的承灾体暴露度的计算方法如下：

$$RE = P_d \times wp + G_d \times wg + I_d \times wi \quad (10.6)$$

P_d、G_d和I_d分别为人口密度、GDP 密度和易燃易爆场所密度，wp、wg 和 wi 为各因子权重，分别取值 0.333、0.333 和 0.333。

承灾体脆弱性按照下式进行计算：

$$RF = C_l \times wc + M_l \times wm + (1 - P_c) \times wp \quad (10.7)$$

C_l、M_l和P_c分别为生命损失指数、经济损失指数和防护能力指数，wc、wm 和 wp 为各因子权重，分别取值 0.333、0.333 和 0.333。

10.2　雷电及其灾害特征分析

10.2.1　雷暴日特征分析

吴兴区湖州国家基本气象站自 1957 年开始有人工观测雷暴日记录，截至 2013 年人工观测雷暴日终止。统计 1957—2013 年湖州国家基本气象站雷暴日数据，分析雷暴日数的年际变化和月际变化特征。湖州国家基本气象站年平均雷暴日为 37.3 d，雷暴日数的年际变化明显（图 10.2），总体呈下降趋势，其中年雷暴日数最多为 73 d（1963 年），最少为 18 d（2000 年和 2001 年），共有 26 年雷暴日数高于平均值。根据图 10.3 可以看到，雷暴日数的月际变化呈明显的单峰分布，主要分布在 3—9 月，其中 6—8 月雷暴日数占全年总数的 66.54%，7 月雷暴日数最多，占全年总数的 27.68%。

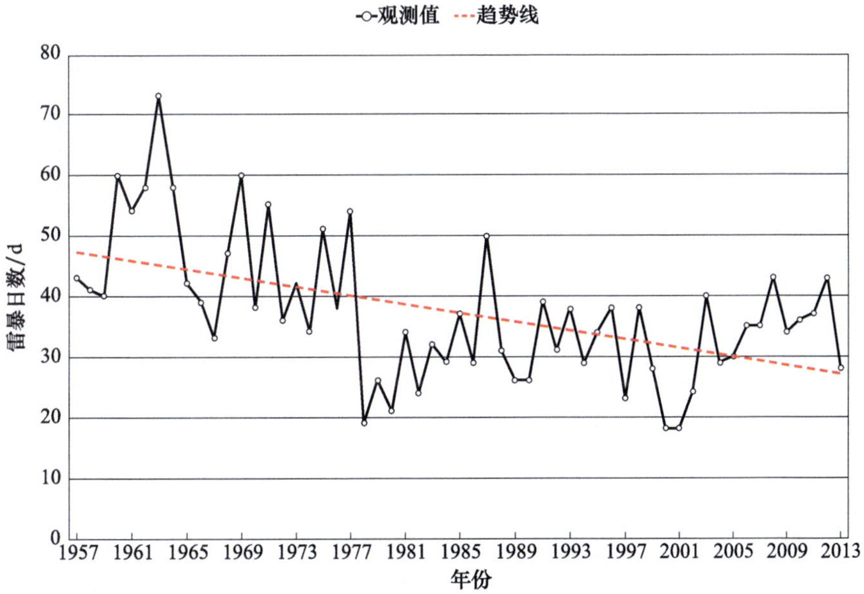

图 10.2　1957—2013 年湖州国家基本气象站雷暴日数年际变化图

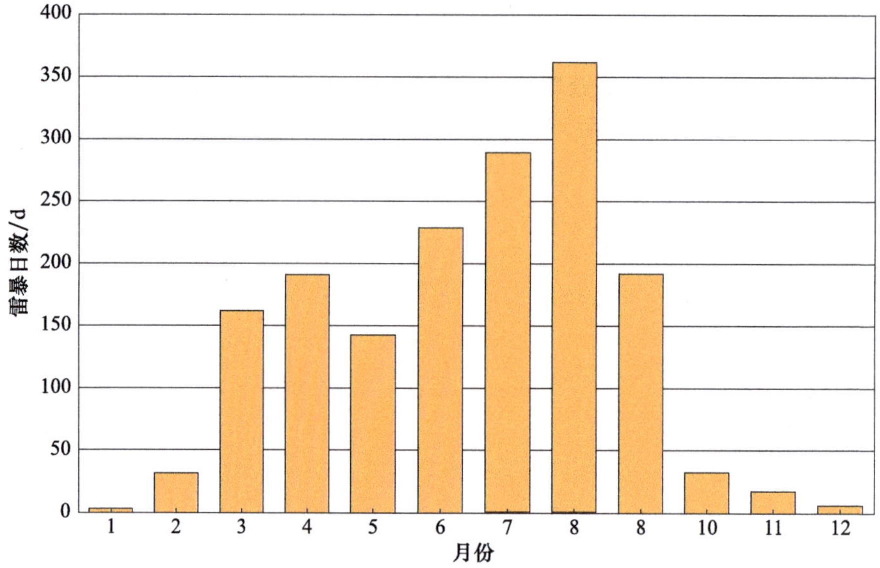

图 10.3　1957—2013 年湖州国家基本气象站累计雷暴日数月际变化图

10.2.2　地闪特征分析

统计 2007—2020 年吴兴区 ADTD 闪电监测数据，分析地闪频次及强度的年际变化、月际变化、日变化特征及雷电流幅值特征。2007—2020 年吴兴区共监测到地闪 33652 次，其中负地闪 32332 次，占地闪总数的 96.08%，正地闪 1320 次，占地闪总数的 3.92%。平均正地闪强度为51.81 kA，平均负地闪强度为 35.67 kA。

2007—2020 年吴兴区地闪频次及强度的年际变化如图 10.4 所示，地闪频次的年际差异显著，2007—2013 年地闪频次普遍较高，其中 2010 年地闪频次为 6739 次，为历年最高值。年平均地闪强度的年际变化与地闪频次年际变化无明显相关性，地闪强度年际变化呈多峰分布，主要波动范围为 32～48 kA，其中 2017 年地闪强度最高(46.60 kA)。

吴兴区地闪活动月际变化差异显著(图 10.5)，地闪频次的月际变化呈单峰分布，主要分布在 6—9 月，其中 6—8 月地闪频次占全年总数的 78.74 %，8 月地闪频次最多，占全年总数的 36.90%。月平均地闪强度的主要波动范围为 18～51 kA，其中 11 月最高(50.11 kA)，12 月最低(18.05 kA)。

从地闪频次及强度的日变化来看(图 10.6)，地闪主要发生于午后及傍晚，其中 12—20 时地闪频次较高，该时段地闪频次占地闪总数 84.71%，16 时地闪频次最多，09 时地闪频次最少。地闪强度的日变化主要波动范围为 30～52 kA，其 09 时最高(51.53 kA)，11 时最低(30.09 kA)。

雷电流幅值的累积概率分布是表征雷电流活动强弱的重要特征参数，对于防雷装置设计、计算输电线路雷电绕击与反击等具有重要参考意义。吴兴区正地闪雷电流幅值分布如图 10.7所示，正地闪雷电流幅值主要分布于 0～140 kA，其中 0～100 kA 的分布概率为 89.24%，10～50 kA 的分布概率为 54.85%。吴兴区负地闪雷电流幅值分布如图 10.8 所示，负地闪雷电流幅值主要分布于 10～80 kA，分布概率为 96.88%，其中 10～50 kA 的分布概率为 84.21%。总体而言，正地闪的雷电流幅值分布较为分散，大电流（100 kA 以上）的幅值分布更多，而负地闪雷电流幅值分布更集中。

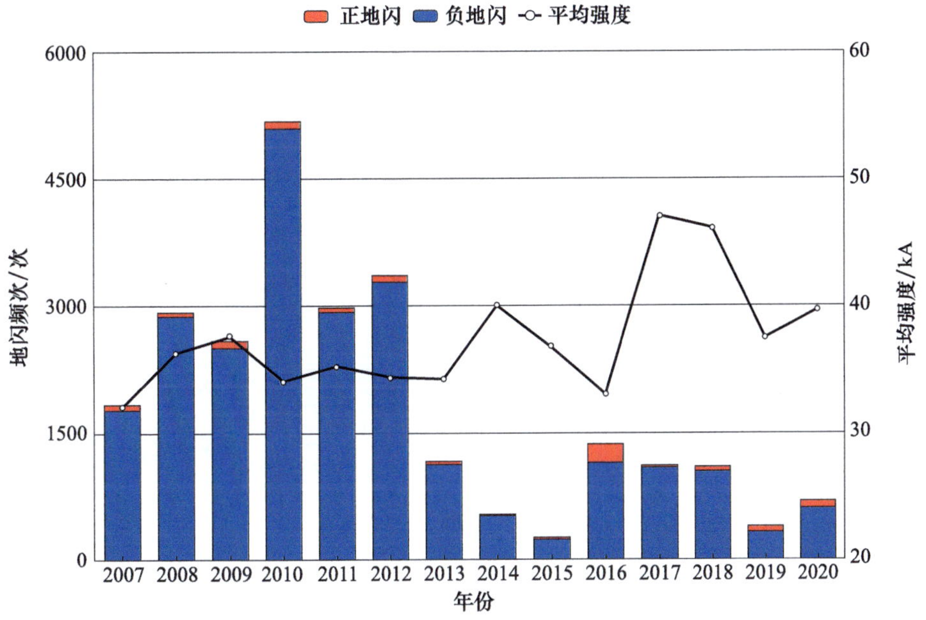

图 10.4　2007—2020 年吴兴区地闪频次及强度年际变化图

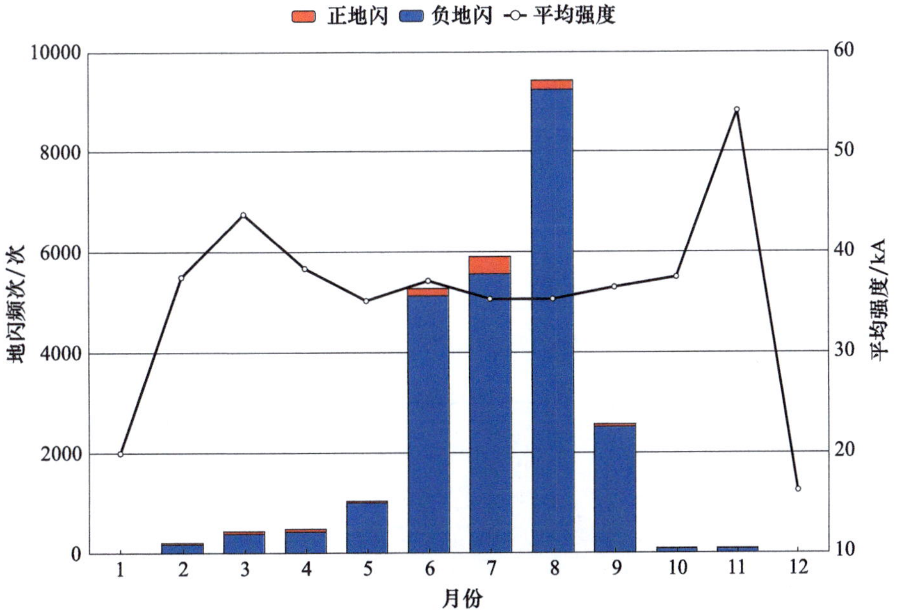

图 10.5　2007—2020 年吴兴区平均地闪频次及强度月际变化图

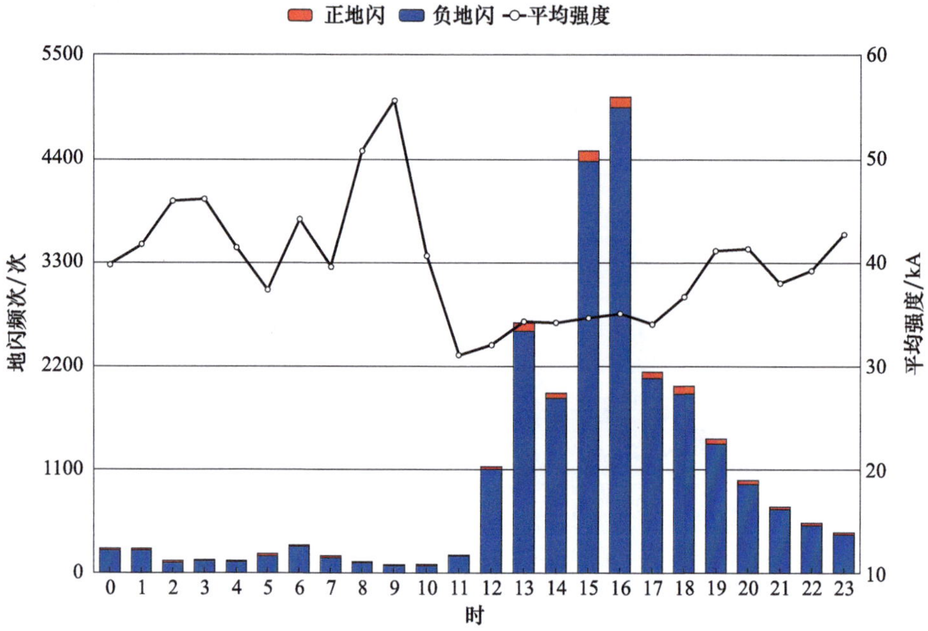

图 10.6 2007—2020 年吴兴区平均地闪频次及强度日变化图

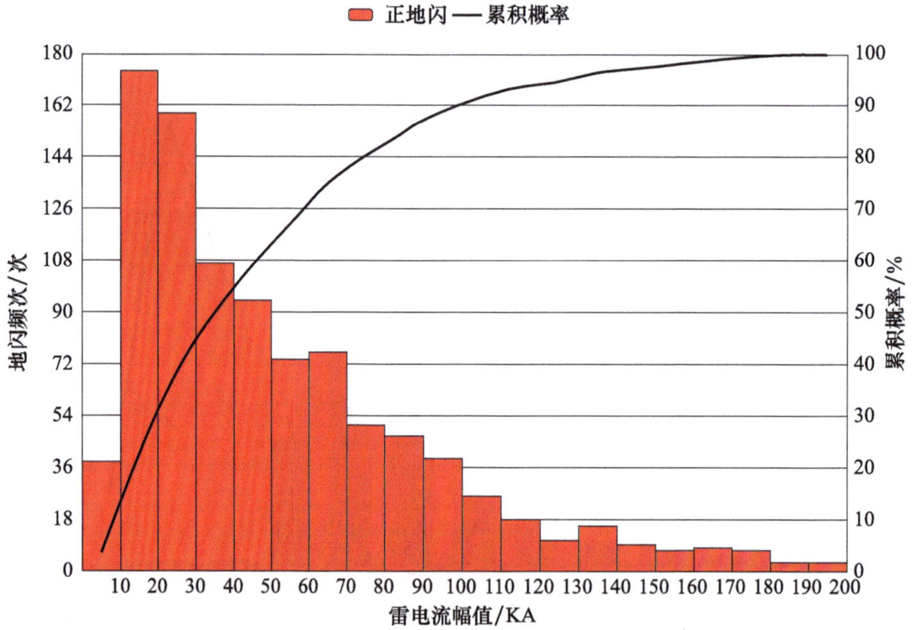

图 10.7 2007—2020 年吴兴区正地闪雷电流幅值分布图

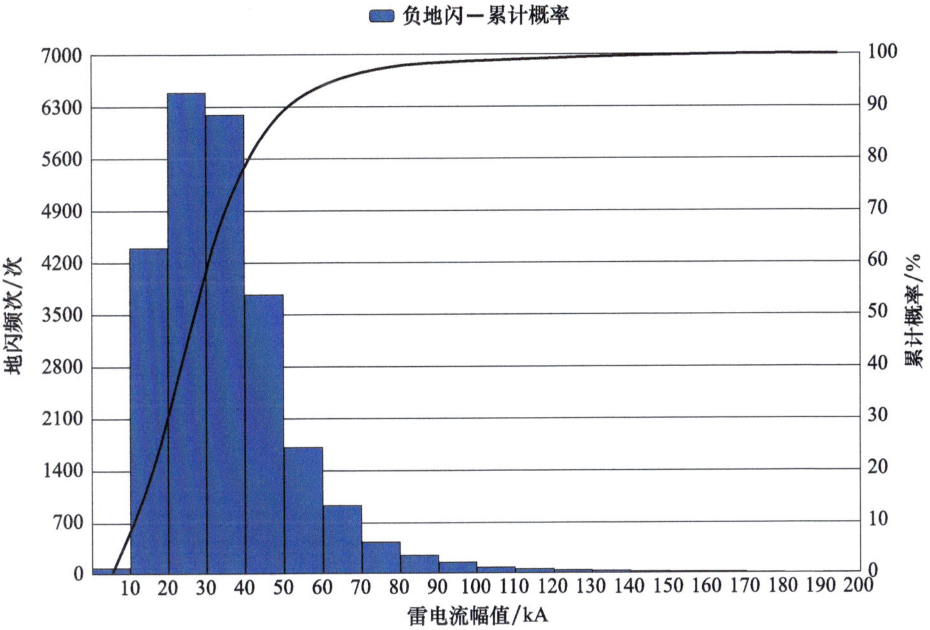

图 10.8　2007—2020 年吴兴区负地闪雷电流幅值分布图

10.2.3　雷电灾害特征分析

吴兴区自 1998 年开始有雷电灾害资料记录，1998—2020 年共收集雷电灾害 56 起，共造成 2 人死亡、3 人受伤，直接经济损 418.49 万元。依据《雷电灾情统计规范》(QX/T 191—2013)中对雷电灾害分级的相关规定，将雷电灾害分为特大雷灾、重大雷灾、较大雷灾和一般雷灾 4 类，吴兴区共发生特大雷灾 0 起，重大雷灾 2 起，较大雷灾 5 起，一般雷灾 49 起。从雷电灾害的年际变化来看(图 10.9)，2003 年及 2012 年雷电灾害个数较多，均发生 8 起。1999 年及 2001 年的雷电灾害事故中，较大及以上雷灾个数较多，其中 1999 年发生较大雷灾 1 起、重大雷灾 1 起、特大雷灾 0 起，为历年最多。近年来，随着各项雷电防护措施逐步完善，公众防雷意识及防灾水平逐步提高，雷电灾害个数总体呈下降趋势。

雷电灾害的月际变化与雷电活动的月际变化趋势一致，雷灾主要发生在春季和夏季(图 10.10)，6—9 月雷灾共 51 起，占全年雷灾的 91.07%，其中 8 月雷灾最多，共 29 起。从各级雷灾的月际变化来看，夏季不仅是雷电灾害高发季节，也是更容易发生较严重的雷电灾害的季节，6—9 月的雷电灾害事故中，较大及以上雷灾次数较多，其中 6 月发生较大雷灾 2 起、重大雷灾 1 起、特大雷灾 0 起，为全年最多的月份。

雷电灾害造成的损失主要包括造成人员伤亡和经济损失，从雷灾损失的年际变化来看(图 10.11)，人员伤亡的年际变化差异显著：2001 年、2003 年、2004 年和 2010 年雷电灾害均造成了人员伤亡，并造成 1 人死亡，为历年伤亡最严重的年份；直接经济损失也随着每年雷灾次数不同而产生变化，2001 年雷灾共造成直接经济损失 105.00 万元，为历年直接经济损失最多的一年。近年来，雷灾造成的损失总体呈下降趋势。

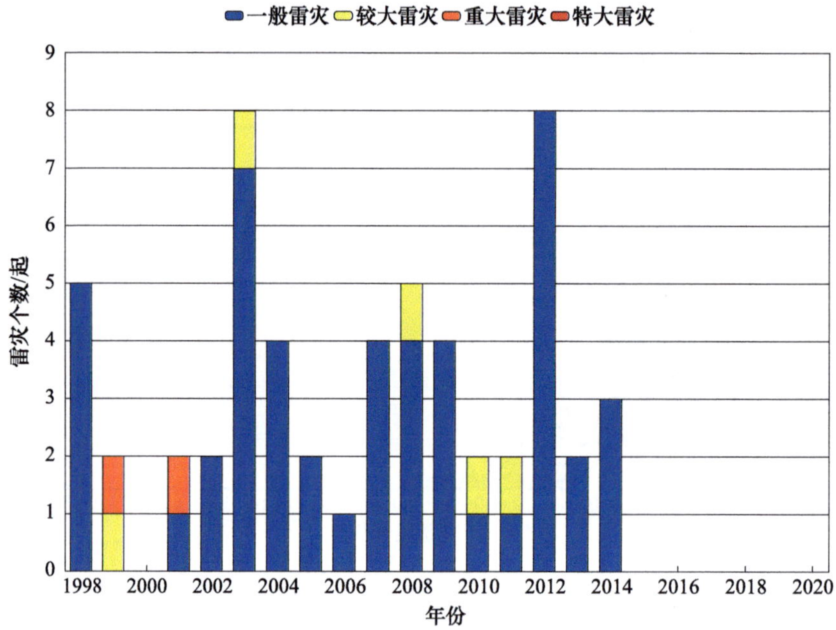

图 10.9　1998—2020 年吴兴区雷电灾害年际变化图

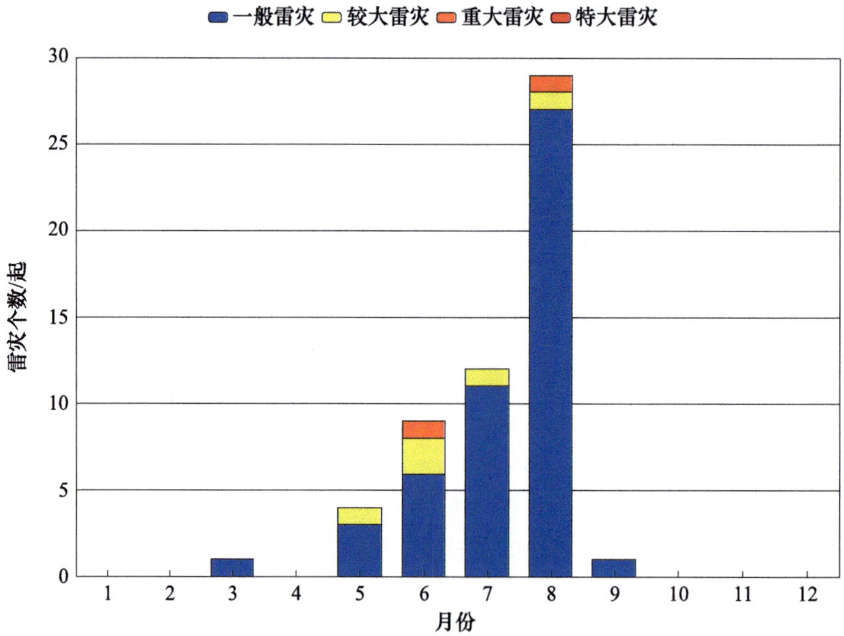

图 10.10　1998—2020 年吴兴区累计雷电灾害月际变化图

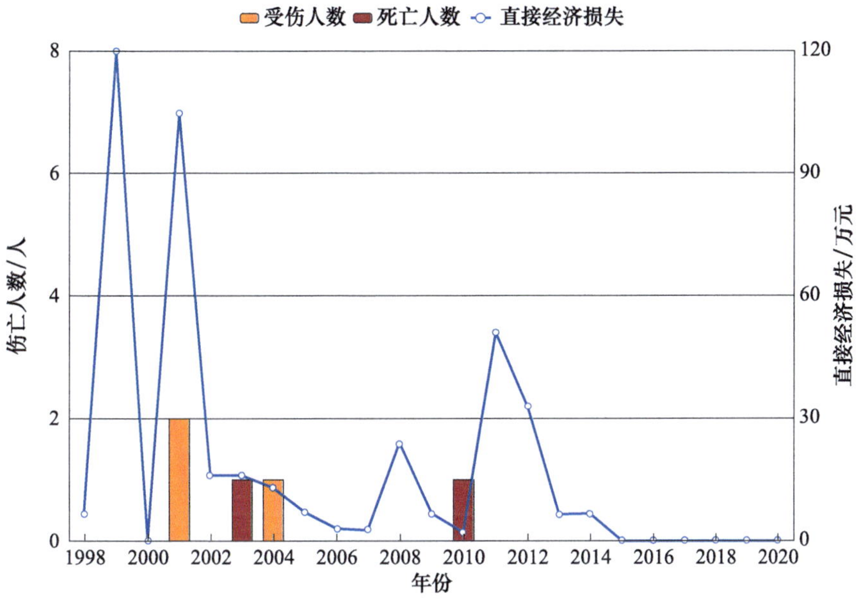

图 10.11　吴兴区雷电灾害损失年际变化图

雷电灾害损失的月际变化与雷电灾害个数的月际变化总体趋势一致，春季和夏季雷灾较多，损失也更严重(图 10.12)：6—8 月雷灾共造成 3 人受伤、2 人死亡，占全年雷灾伤亡人数 100%，其中 6 月伤亡人数最多；6—8 月雷灾共造成直接经济损失 388.49 万元，占全年雷灾直接经济损失的 92.83%。

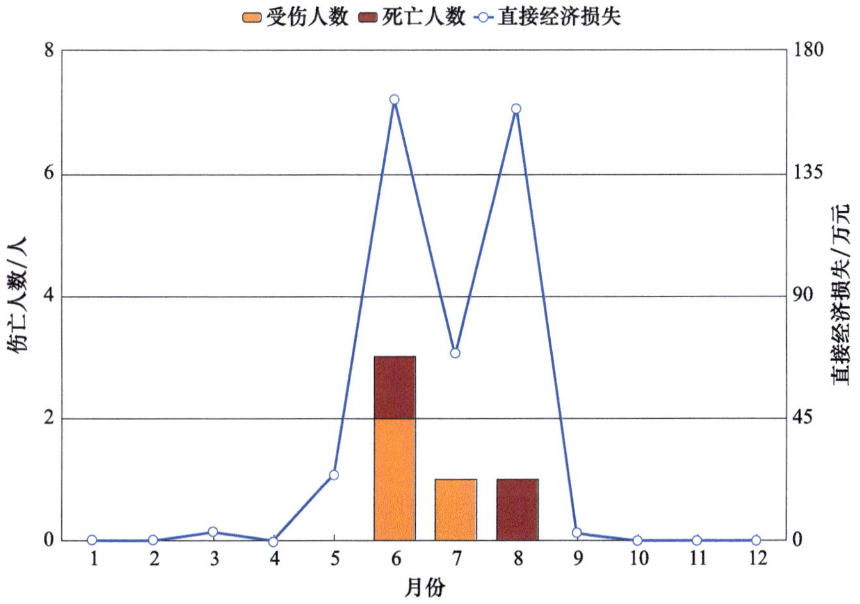

图 10.12　吴兴区雷电灾害损失月际变化图

依据《雷电灾情统计规范》(QX/T 191—2013)中对雷电灾害受灾行业的相关规定，结合浙江省雷灾主要受灾行业分布情况和相关文献资料(程向阳 等，2018；李衣长 等，2018；王敏 等，2018)，将受灾行业分为电力、通信、制造业、旅游休闲、石油化工、医药、农居房和其他共 8 类，统计分析各受灾行业的雷电灾害情况。从受灾行业分布来看(图 10.13)，吴兴区雷电灾害的主要受灾行业为农居房、其他和制造业，农居房受灾的雷电灾害占比为 38.46%，其他受灾的雷电灾害占比为 26.93%，制造业受灾的雷电灾害占比为 13.46%。

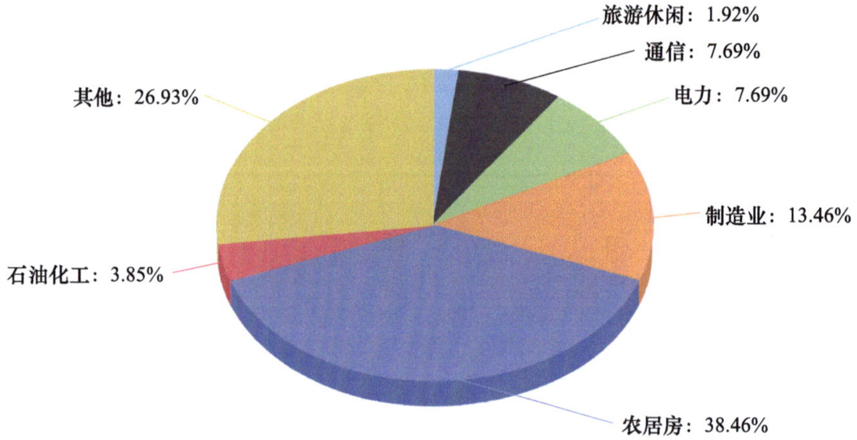

图 10.13　吴兴区雷电灾害受灾行业分布图

从雷电灾害的空间分布来看(见图 10.14、图 10.15)，吴兴区雷电灾害频次和直接经济损失的空间分布差异显著，市中心街道大部、道场乡东北部局部、高新区西部、织里镇西南部及埭溪镇东部等地的雷电灾害较为多发，直接经济损失的空间分布与雷电灾害频次总体具有相同分布趋势，雷电灾害多发地区的直接经济损失一般也较高，此外，还受到单次雷灾造成损失情况不同而略有差异。总体而言，雷电灾害的空间分布与人员活动、经济发展等因素相关，呈现片状聚集分布的特点。

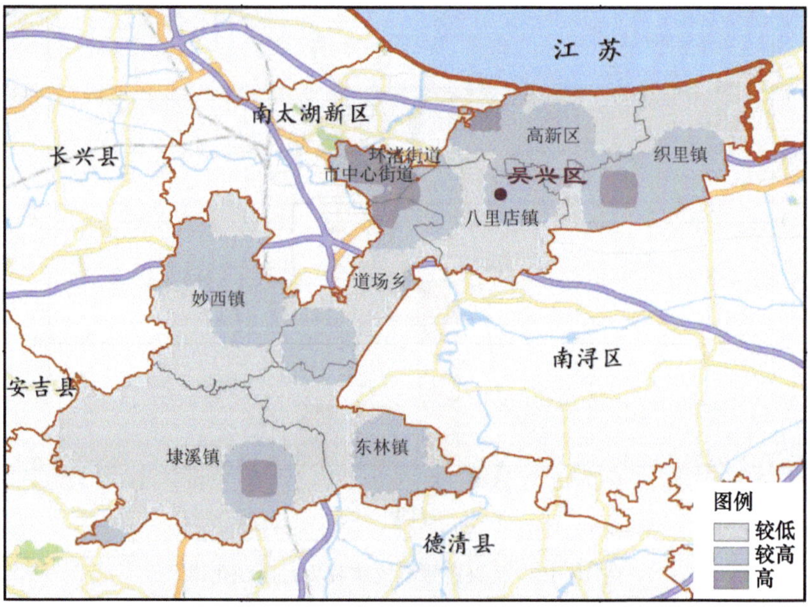

图 10.14　吴兴区雷电灾害频次空间分布图

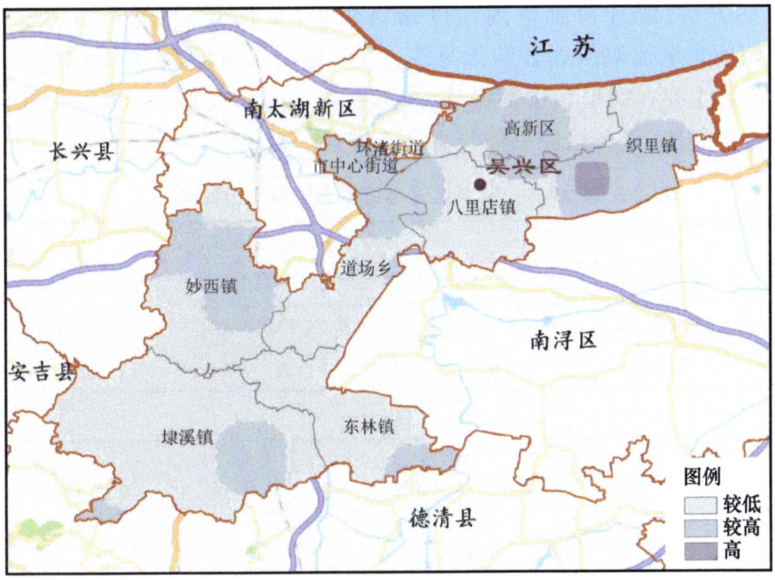

图 10.15 吴兴区雷电灾害直接经济损失空间分布图

10.3 雷电灾害危险性评估

雷电灾害危险性评估主要包括致灾因子指数和孕灾环境指数的分析计算，其中致灾因子指数的影响因子包括雷击点密度和地闪强度两个方面。按前文所述方法，统计得到雷击点密度栅格数据，吴兴区雷击点密度平均值为 2.10 次・km^{-2}・a^{-1}。从雷击点密度的空间分布来看（图 10.16），吴兴区雷击点密度较高的区域主要分布于道场乡中南部、妙西镇西南部及埭溪镇中西部等地，雷击点密度大于 1.9 次・km^{-2}・a^{-1}的区域面积占比 65.13%，大于 2.5 次・km^{-2}・a^{-1}的区域面积占比 19.51%。

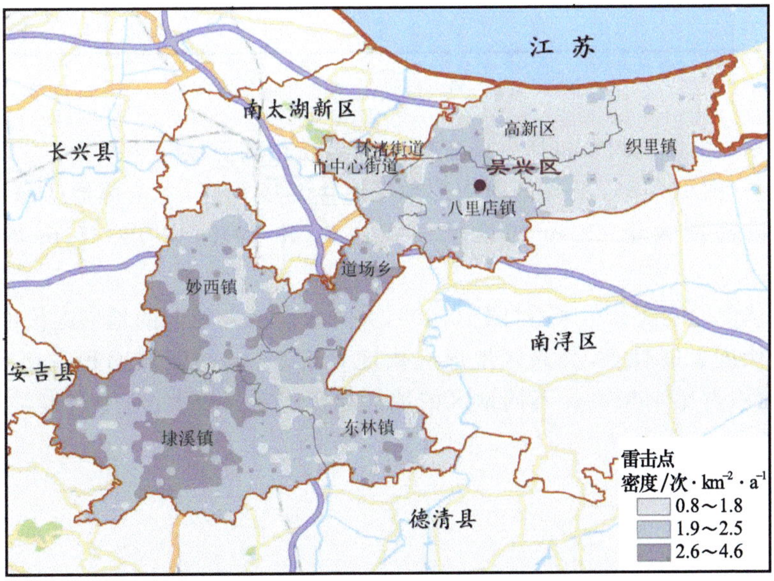

图 10.16 吴兴区雷击点密度空间分布图

按前文所述方法，统计得到地闪强度栅格数据，按百分位法对吴兴区 2007—2020 年 ADTD 闪电监测的雷电流幅值划分结果见表 10.1，地闪强度空间分布见图 10.17，吴兴区地闪强度较高的区域主要在织里镇中部局部、八里店镇中南部局部、道场乡中南部、妙西镇西南部及埭溪镇中西部等地，分布趋势总体与雷击点密度一致。

表 10.1 吴兴区雷电流百分位数划分结果

	百分位数(P)区间				
	$P\leqslant60\%$	$60\%<P\leqslant80\%$	$80\%<P\leqslant90\%$	$90\%<P\leqslant95\%$	$P>95\%$
雷电流幅值(F)/kA	$F\leqslant36.2$	$36.2<F\leqslant46.5$	$46.5<F\leqslant58.4$	$58.4<F\leqslant71.1$	$F>71.1$
等级	1 级	2 级	3 级	4 级	5 级

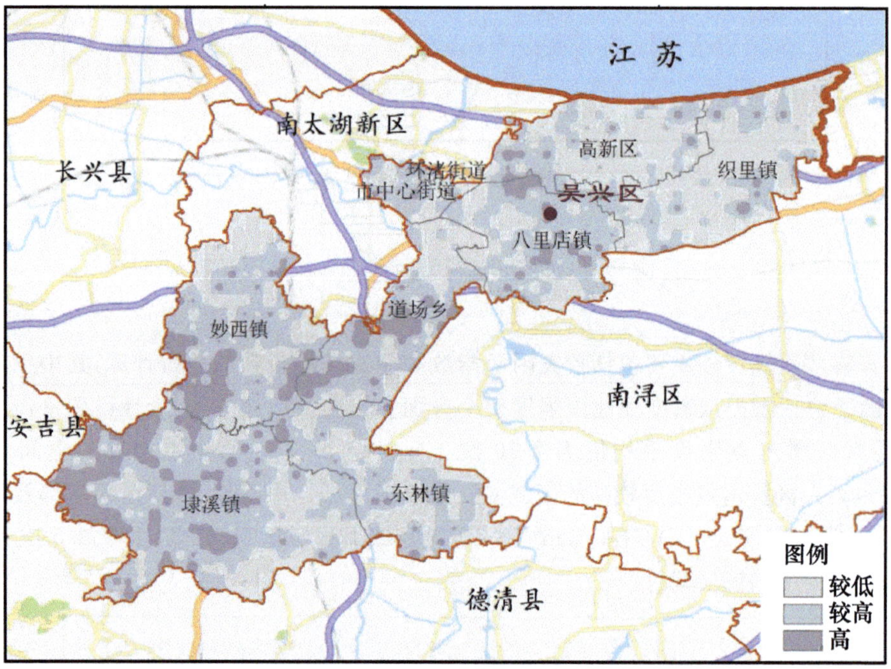

图 10.17 吴兴区地闪强度空间分布图

孕灾环境指数的影响因子包括海拔高度、地形起伏度和土壤电导率三个方面，从海拔高度的空间分布来看(图 10.18)，吴兴区西南部地区海拔高度较高，中东部地区海拔高度普遍较低，吴兴区海拔高度大于 49 m 的区域面积占比 29.80%，大于 145 m 的区域面积占比 11.16%。

从地形起伏度的空间分布来看(图 10.19)，吴兴区西南部地区的地形起伏度较大，中东部地区的地形起伏度普遍较小，吴兴区地形起伏度大于 21 m 的区域面积占比 18.42%，大于 35 m 的区域面积占比 4.98%。不同地区的地形起伏度差异较大，对于产生对流性天气条件的影响也不同。

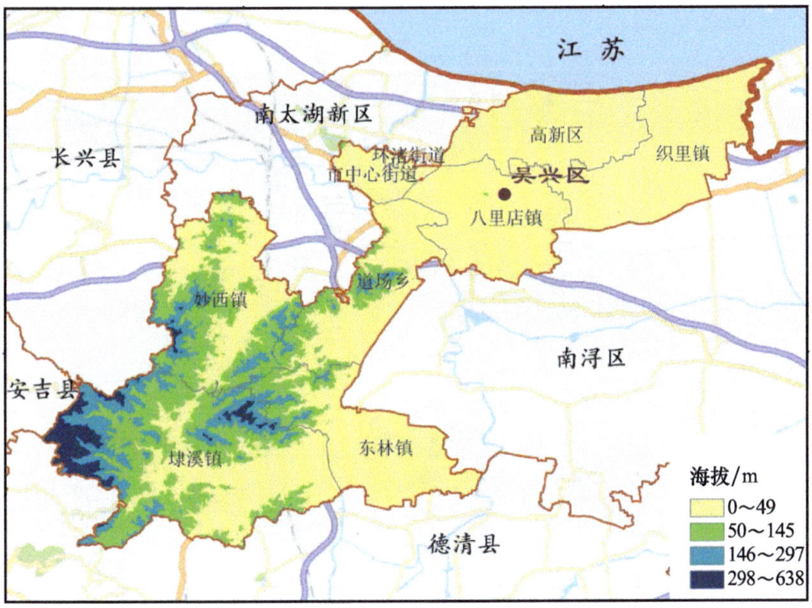

图 10.18　吴兴区海拔高度空间分布图

图 10.19　吴兴区地形起伏度空间分布图

从土壤电导率的空间分布来看(图 10.20),吴兴区中北部和西南部局部地区的土壤电导率较高,西南部和北部地区土壤电导率普遍较低,吴兴区土壤电导率等于 0 $dS \cdot m^{-1}$ 的区域面积占比 0.47%,大于等于 0.1 $dS \cdot m^{-1}$ 的区域面积占比 99.53%。不同地区的土壤电导率差异较大,对孕灾环境指数的影响也不同。

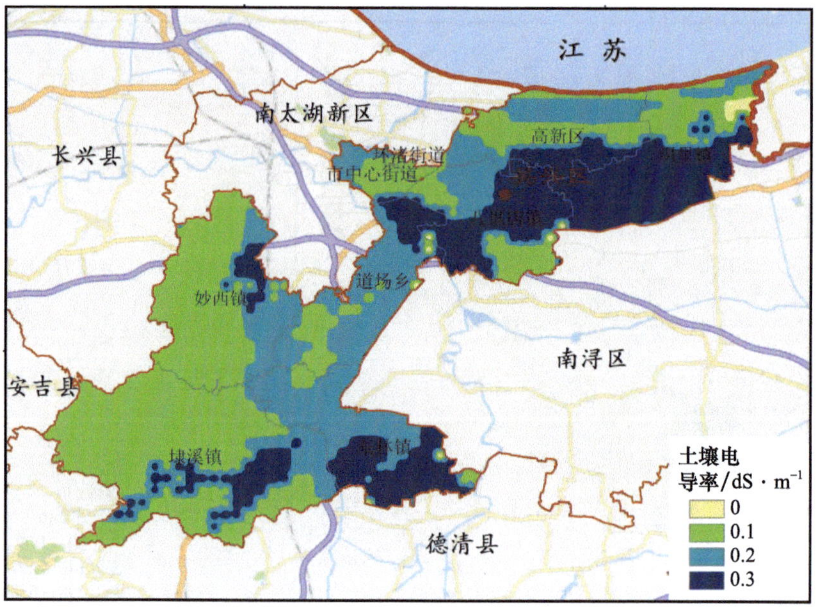

图 10.20　吴兴区土壤电导率空间分布图

根据致灾因子和孕灾环境指数，按照前文所述方法确定权重系数，根据雷电灾害致灾危险性 RH 模型进行计算，并绘制雷电灾害危险性分布图，完成危险性评估(见图 10.21)。吴兴区雷电灾害危险性共分为 3 级，由高至低分别为高等级、较高等级和较低等级，高等级区域面积占比 15.89%，主要分布于道场乡中西部、妙西镇南部及埭溪镇中西部等地，较高等级和较低等级区域面积占比分别为 40.22%和 43.89%。

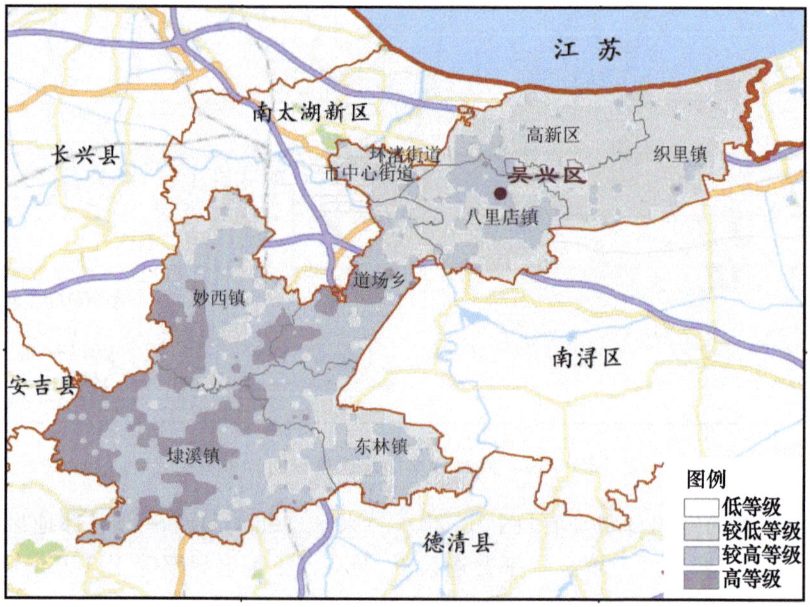

图 10.21　吴兴区雷电灾害危险性空间分布图

10.4 雷电灾害风险评估与区划

10.4.1 雷电灾害 GDP 损失风险

如前文分析所述，结合相关资料(郭虎 等，2008；袁湘玲 等，2017；吴安坤 等，2018)雷电灾害造成的损失主要包括经济损失和人员伤亡，因此分别进行雷电灾害 GDP 损失风险、雷电灾害人口损失风险和雷电灾害综合风险的评估与区划。按前文所述方法进行计算，吴兴区雷电灾害 GDP 暴露度的空间分布如图 10.22 所示，较高及以上等级的 GDP 暴露度区域主要分布于织里镇西南部及市中心街道中部等地。

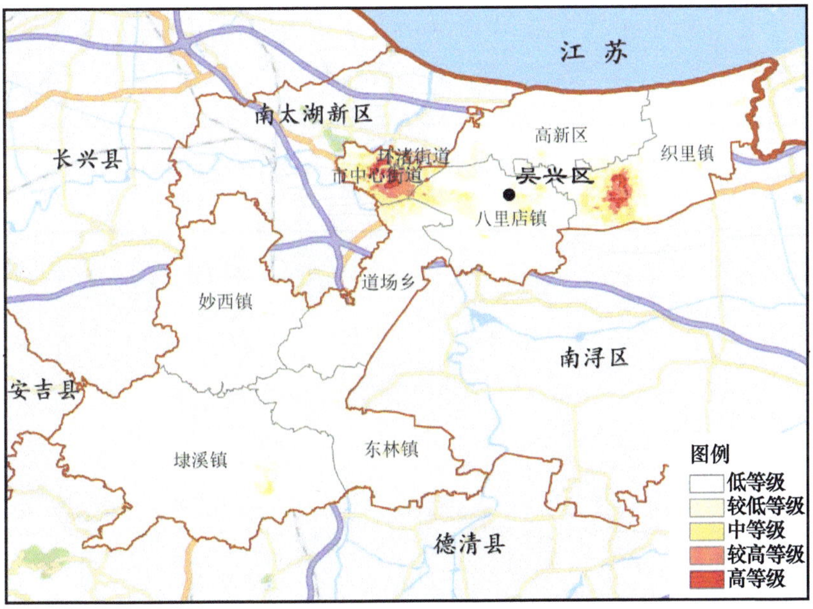

图 10.22 吴兴区雷电灾害 GDP 暴露度空间分布图

按前文所述方法进行计算，吴兴区雷电灾害经济损失指数的空间分布情况如图 10.23 所示，经济损失指数较高的区域主要分布于织里镇西南部。一方面，经济损失指数与 GDP 暴露度空间分布具有一定的相关性，即受到区域经济发展水平的影响；另一方面，经济损失指数还反映了区域建筑物的雷电灾害防护能力，以及遭受雷击后经济损失风险的差异性。

根据雷电灾害 GDP 损失风险的致灾危险性指数、承灾体暴露度和承灾体脆弱性，按照前文所述方法确定权重系数，根据雷电灾害风险指数 LDRI 模型进行计算，并绘制雷电灾害 GDP 损失风险区划，完成风险评估(见图 10.24)。吴兴区雷电灾害 GDP 损失风险共分为 3 级，由高至低分别为高等级、较高等级和中等级，高等级区域面积占比 22.09%，主要分布于西南部，包括道场乡中南部、妙西镇西南部、东林镇西北部、织里镇南部及埭溪镇中西部等地，较高等级和中等级区域面积占比分别为 43.95%和 33.96%。雷电灾害 GDP 损失风险是致灾危险性指数、承灾体暴露度和承灾体脆弱性的综合影响结果，区划反映了雷电灾害造成经济损失的风险差异，各区域不同的雷电灾害 GDP 损失风险等级可作为进一步完善雷电灾害防御工作的科学依据。

图 10.23　吴兴区雷电灾害经济损失指数空间分布图

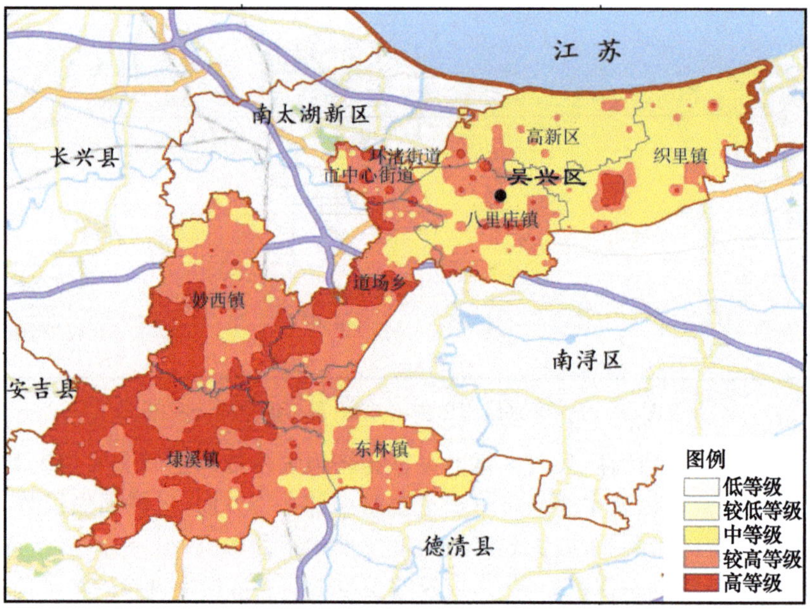

图 10.24　吴兴区雷电灾害 GDP 损失风险区划空间分布图

10.4.2　雷电灾害人口损失风险

按前文所述方法，分别对雷电灾害人口损失风险的承灾体暴露度和承灾体脆弱性进行计算，吴兴区雷电灾害 GDP 暴露度的空间分布如图 10.25 所示，人口暴露度的空间分布与 GDP 暴露度具有总体一致的分布趋势，人口暴露度较高的区域主要分布于市中心街道及环渚街道。

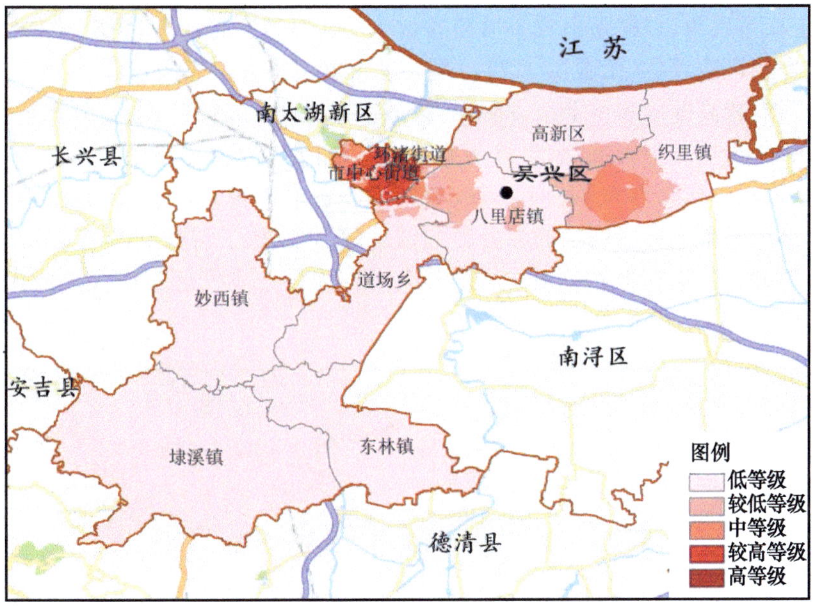

图 10.25 吴兴区雷电灾害人口暴露度空间分布图

按前文所述方法进行计算，吴兴区雷电灾害生命损失指数的空间分布如图 10.26 所示，生命损失指数较高的区域主要分布于织里镇西南部、八里店镇北部、道场乡南部及埭溪镇东部。一方面，生命损失指数与人口暴露度空间分布具有一定的相关性，即受到区域人口密度、人员活动的影响；另一方面，生命损失指数还反映了区域人员活动的特点，以及人员对雷电灾害的防护意识水平和防灾避险能力的差异性。

图 10.26 吴兴区雷电灾害生命损失指数空间分布图

根据雷电灾害人口损失风险的致灾危险性指数、承灾体暴露度和承灾体脆弱性，按照前文所述方法确定权重系数，根据雷电灾害风险指数 LDRI 模型进行计算，并绘制雷电灾害人口损失风险区划，完成风险评估（见图 10.27）。吴兴区雷电灾害人口损失风险共分为 3 级，由高至低分别为高等级、较高等级和中等级，高等级区域面积占比 22.18%，主要分布于西南部，包括市中心街道大部、道场乡中南部、东林镇西北部、妙西镇西南部及埭溪镇中西部等地，较高等级和中等级区域面积占比分别为 44.97%和 32.85%。雷电灾害人口损失风险是致灾危险性指数、承灾体暴露度和承灾体脆弱性的综合影响结果，区划反映了雷电灾害造成人员伤亡的风险差异，各区域不同的雷电灾害人口损失风险等级可作为进一步完善雷电灾害防御工作的科学依据。

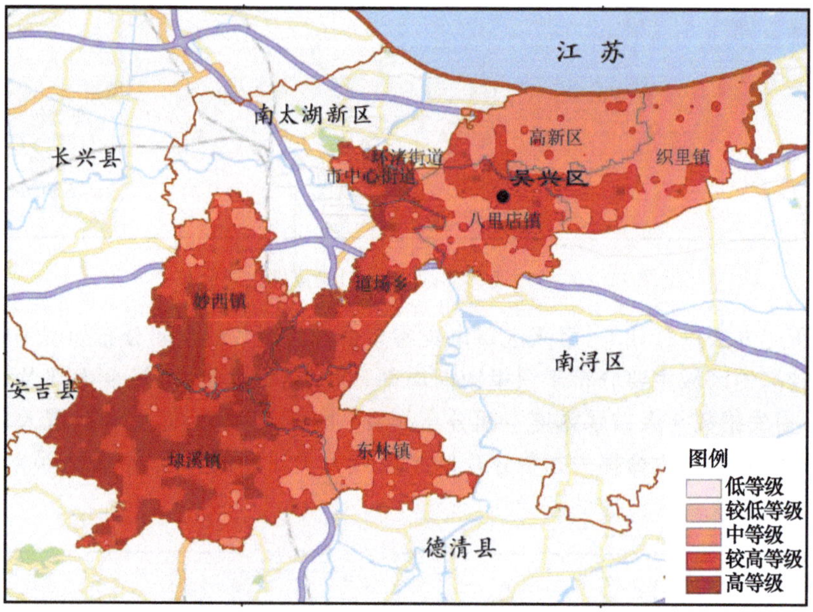

图 10.27　吴兴区雷电灾害人口损失风险区划空间分布图

10.4.3　雷电灾害综合风险

按前文所述方法，分别对雷电灾害综合风险的承灾体暴露度和承灾体脆弱性进行计算，其中承灾体暴露度不仅与 GDP 密度、人口密度的空间分布具有相关性，还受到易燃易爆场所密度的影响。吴兴区易燃易爆场所密度的空间分布如图 10.28 所示，易燃易爆场所较多的区域主要在环渚街道、市中心街道及八里店镇。吴兴区雷电灾害承灾体暴露度的空间分布如图 10.29 所示，综合风险承灾体暴露度较高的区域主要分布于织里镇西南部局部及市中心街道东南部局部等地。

按前文所述方法进行计算，吴兴区雷电灾害综合风险的承灾体脆弱性空间分布如图 10.30 所示，承灾体脆弱性较高的区域主要分布于织里镇西南部局部、道场乡南部及埭溪镇东部局部等地。承灾体脆弱性综合反映了区域雷电灾害的综合防护能力，包括雷电灾害造成经济损失和生命损失的防护能力。

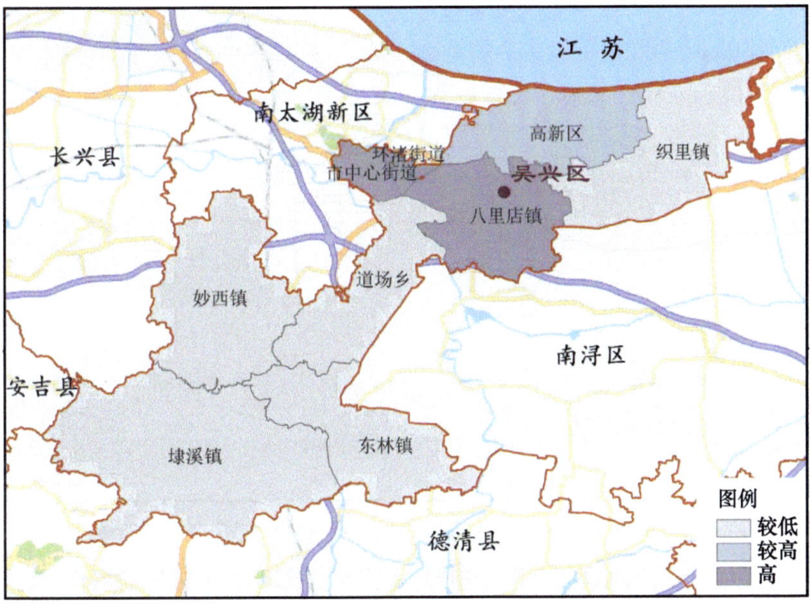

图 10.28 吴兴区易燃易爆场所密度空间分布图

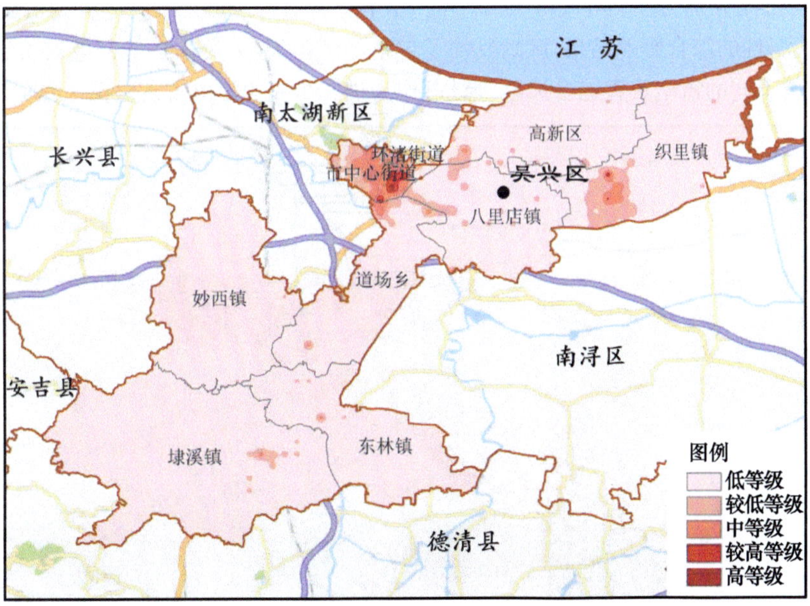

图 10.29 吴兴区雷电灾害综合风险承灾体暴露度空间分布图

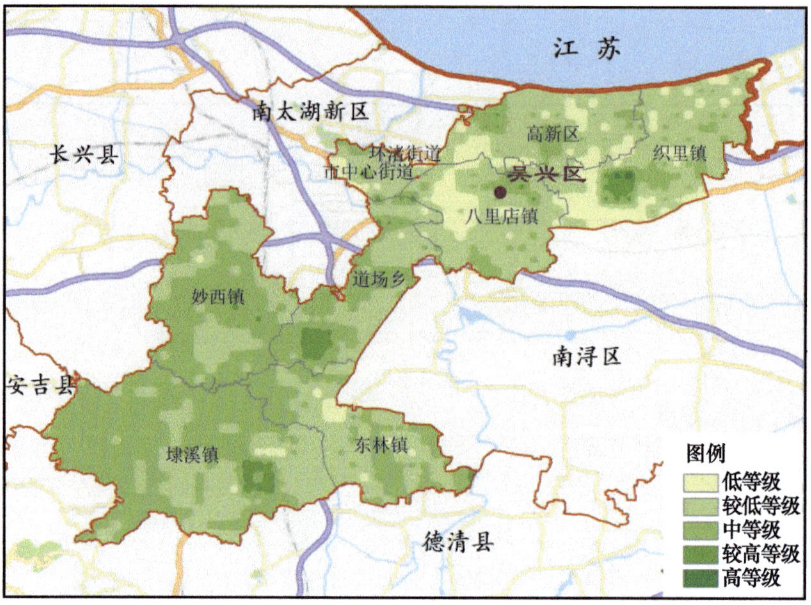

图 10.30　吴兴区雷电灾害综合风险承灾体脆弱性空间分布图

根据雷电灾害综合风险的致灾危险性指数、承灾体暴露度和承灾体脆弱性，按照前文所述方法确定权重系数，根据雷电灾害风险指数 LDRI 模型进行计算，并绘制雷电灾害综合风险区划，完成风险评估(见图 10.31)。吴兴区雷电灾害综合风险共分为 3 级，由高至低分别为高等级、较高等级和中等级，高等级区域面积占比 22.00％，主要分布于西南部局部，包括织里镇西南部、道场乡中南部、东林镇西北部、市中心街道大部、妙西镇西南部及埭溪镇中西部等地，较高等级和中等级区域面积占比分别为 44.43％和 33.57％。雷电灾害综合风险是致灾危险性指数、承灾体暴露度和承灾体脆弱性的综合影响结果，区划反映了包括经济损失、人员伤亡等雷电灾害造成的综合损失风险，各区域不同的雷电灾害综合风险等级可作为进一步完善雷电灾害防御工作的科学依据。

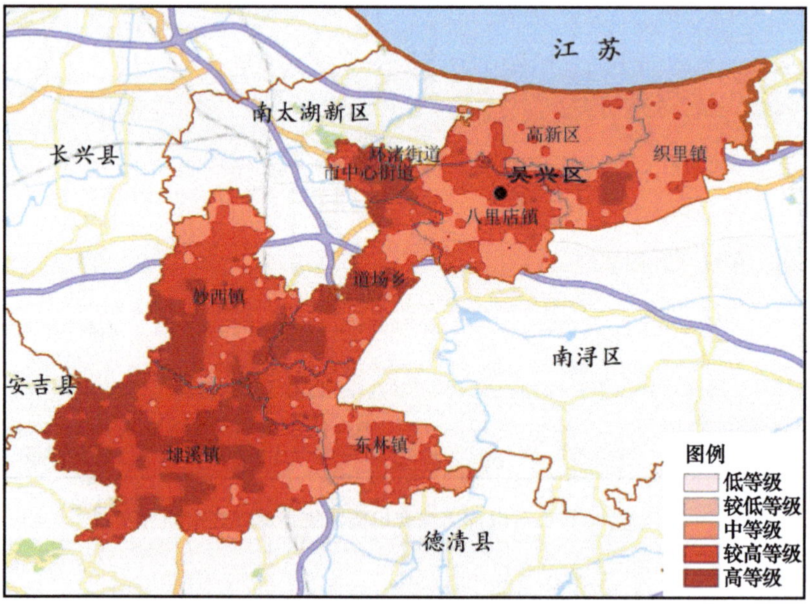

图 10.31　吴兴区雷电灾害综合风险区划空间分布图

主要参考文献

陈海燕，严冽娜，娄伟平，2011. 热带气旋致灾因子综合影响强度评估指标研究[J]. 热带气象学报，27(1)：139-144.

陈海燕，杨诗芳，许浩恩，等，2013. 基于 GIS 的精细化暴雨致灾预警指标研究[J]. 自然灾害学报，22(2)：136-143.

陈恺，唐燕，2019. 城市高温热浪脆弱性空间识别与规划策略应对——以北京中心城区为例[J]. 城市规划，43(12)：37-44+77.

程向阳，陶寅，邱阳阳，2018. 安徽省雷电易发区域划分[J]. 气象科技，46(4)：785-791.

邓芳萍，康丽莉，姜瑜君，等，2017. 基于常规气象资料的小时标准冰厚模型及验证[J]. 应用气象学报，28(2)：142-156.

段玮，胡娟，赵宁坤，等，2017. 云南冰雹灾害气候特征及其变化[J]. 灾害学(2)：90-96.

付含聪，邓帆，杨欢，等，2020. 基于遥感的长江中下游城市群高温热浪风险评估[J]. 长江流域资源与环境，29(5)：1174-1182.

龚伟伟，2014. CMA 陆面数据同化系统(CLDAS)产品评估[D]. 南京：南京信息工程大学.

郭虎，熊亚军，2008. 北京市雷电灾害易损性分析、评估及易损度区划[J]. 应用气象学报，19(1)：35-40.

郭江勇，张强，杨民，等，2005. 西北地区冰雹次数与海拔高度、气温的相关分析[J]. 干旱气象，23(增刊)：1-4.

何苗，徐永明，李宁，等，2017. 基于遥感的北京城市高温热浪风险评估[J]. 生态环境学报，26(4)：635-642.

胡波，丁烨毅，何利德，等，2014. 基于模糊综合评价的宁波暴雨洪涝灾害风险区划[J]. 暴雨灾害，33(4)：380-385.

黄崇福，2005. 自然灾害风险评价与实践[M]. 北京：科学出版社.

黄晓军，祁明月，赵凯旭，等，2021. 高温影响下西安市人口脆弱性评估及其空间分异[J]. 地理研究，40(6)：1684-1700.

姜彤，王艳君，翟建青，2018. 气象灾害风险评估技术指南[M]. 北京：气象出版社.

金星星，祁新华，陆玉麒，等，2018. 福建省高温热浪风险评估与空间分异研究[J]. 地球信息科学学报，20(12)：1820-1829.

金有杰，曾燕，邱新法，等，2014. 人口与 GDP 空间化技术支持下的暴雨洪涝灾害承灾体脆弱性分析[J]. 气象科学，34(5)：522-529.

李兰，周月华，陈波，2009. 湖北省大风灾害及其风险度[J]. 气象科技，37(2)：205-209.

李清华，孟洁，王云峰，等，2015. 基于 GIS 的太原市暴雨洪涝灾害风险区划[C]//中国气象学会. 第 32 届中国气象学会年会 S14 第五届气象服务发展论坛——气象服务与信息化. 北京：气象出版社：586-596.

李衣长，沈永生，陈阿仲，等，2018. 基于 GIS 图层叠置法的精细化雷电灾害易损度区划模型[J]. 气象科技，46(1)：182-188.

李玉柱，许炳南，2001. 贵州短期气候预测技术[M]. 北京：气象出版社.

林文鹏，陈霖婷，2000. 福建省干旱灾害的演变及其成因研究[J]. 灾害学，(3)：57.

刘航，蒋尚明，金菊良，等，2013. 基于 GIS 的区域干旱灾害风险区划研究[J]. 灾害学，28(3)：198-203.

卢晓宁，洪佳，王玲玲，等，2015. 复杂地形地貌背景区干旱风险评价[J]. 农业工程学报，31(1)：162-169.

鲁天平，郭靖，陈梦，等，2016. 新疆林果产业大风沙尘灾害风险评估模型构建及区划[J]. 农业工程学报，32(增刊2)：169-176.
罗培，2007. 基于GIS的重庆市干旱灾害风险评估与区划[J]. 中国农业气象(1)：100-104.
罗晓玲，杜尧东，郑璟，2016. 广东高温热浪致人体健康风险区划[J]. 气候变化研究进展，12(2)：139-146.
马蕾，刘垚，武万里，等，2020. 宁夏高速公路大风灾害风险评价[J]. 干旱气象，38(3)：504-510.
缪启龙，陈鑫，俞布，等，2012. 杭州市暴雨洪涝灾害风险区划[J]. 长江流域资源与环境，21(S2)：163-168.
祁贵明，李海凤，雷玉红，2017. 格尔木地区大风气象灾害风险区划与评估[C]//中国气象学会. 第34届中国气象学会年会S15气候环境变化与人体健康分会场论文集. 北京：气象出版社.
秦大河，2015. 中国极端天气气候事件和灾害风险管理与适应国家评估报告[M]. 北京：科学出版社.
邱博，张录军，谭慧慧，等，2013. 中国大风集中程度及气候趋势研究[J]. 气象科学，33(5)：543-548.
曲学斌，2019. 基于MCI指数的呼伦贝尔市干旱灾害风险区划[J]. 北方农业学报，47(1)：120-125.
沈伟峰，2013. 杭州市干旱灾害风险区划[D]. 南京：南京信息工程大学.
史培军，1991. 论灾害研究的理论与实践[J]. 南京大学学报(自然科学版)，11(3)：37-42.
宋建洋，柳艳香，田华，等，2018. 我国高速公路大风灾害风险评估与区划研究[J]. 公路，63(12)：182-187.
孙继松，石增云，王令，等，2006. 地形对夏季冰雹事件时空分布的影响研究[J]. 气候与环境研究，11(1)：76-84.
孙帅，2018. CLDAS长序列降水驱动数据的融合及ASCAT土壤湿度的陆面同化[D]. 南京：南京信息工程大学.
王国华，苗长明，缪启龙，等，2013. 杭州市气象灾害风险区划(下册　雷电、强对流、大风、高温、干旱、低温积雪、雾霾灾害的风险区划)[M]. 北京：气象出版社.
王敏，孔尚成，王秀英，2018. 青海东部地区雷电灾害易损性分析与区划[J]. 气象科技，46(2)：412-417.
王珊珊，林艳，李桥，2017. 基于GIS的暴雨洪涝灾害风险区划——以三明市为例[C]//中国气象学会. 第34届中国气象学会年会S7水文气象、地质灾害气象预报理论与应用技术论文集，北京：气象出版社.
王莺，沙莎，王素萍，等，2014. 中国南方干旱灾害风险评估[C]//中国气象学会. 第31届中国气象学会年会S5干旱灾害风险评估与防控. 北京：气象出版社.
王莺，沙莎，王素萍，等，2015. 中国南方干旱灾害风险评估[J]. 草业学报，24(5)：12-24.
吴安坤，2018. 贵州省雷电灾害风险评价与区划研究[J]. 中国农业资源与区划，39(2)：88-93.
轩春怡，刘勇洪，杨晓燕，等，2020. 基于1 km网格的北京暴雨洪涝灾害风险区划[J]. 气象科技，48(4)：579-589.
杨龙，何清，2005. 新疆近3年大风灾害灾度分析与区划[J]. 灾害学，20(4)：83-86.
杨续超，高大伟，丁明军，等，2013. 基于多源遥感数据及DEM的人口统计数据空间化——以浙江省为例[J]. 长江流域资源与环境，22(6)：729-734.
杨振鑫，孙磊，牛润和，等，2016. 甘肃临夏地区冰雹时空分布特征及其灾害风险区划初探[J]. 暴雨灾害，(6)：596-601.
俞布，缪启龙，潘文卓，等，2011. 杭州市台风暴雨洪涝灾害风险区划与评价[J]. 气象，37(11)：1415-1422.
袁湘玲，周倩，王振会，等，2017. 雷电灾害风险分级方法研究[J]. 灾害学，32(1)：26-31.
张丽娟，陈红，高玉宏，等，2011. 黑龙江省大风分布特征及风险区划研究[J]. 地理科学进展，30(7)：899-905.
张怡哲，杨续超，胡可嘉，等，2018. 基于多源遥感信息和土地利用数据的中国海岸带GDP空间化模拟[J]. 长江流域资源与环境，27(2)：235-242.
赵晶，姜彤，苏布达，等，2018. 标准化方法在干旱损失预估中的应用——以华北地区为例[J]. 江苏农业科学，46(18)：302-309.
赵文慧，姚展予，贾烁，等，2019. 1961—2015年中国地区冰雹持续时间的时空分布特征及影响因子研究[J]. 大气科学，43(3)：539-551.
中国气象局，2012. 中国气象灾害年鉴[M]. 北京：气象出版社.

中国气象局，2007. 中国灾害性天气气候图集[M]. 北京：气象出版社．

周成虎，万庆，黄诗峰，等，2000. 基于 GIS 的洪水灾害风险区划研究[J]. 地理学报，(1)：15-24.

周福，陈海燕，娄伟平，等，2012. 浙江省台风灾害评估与风险区划 [M]. 浙江：浙江教育出版社．

周月华，彭涛，史瑞琴，2019. 我国暴雨洪涝灾害风险评估研究进展[J]. 暴雨灾害，38(5)：494-501.

BUCKLEY S, AGRAM P, BELZ J, et al, 2020. NASADEM User Guide Version 1. Pasadena, Calfironia, USA: Califronia Institute of Technology. Available at: https://lpdaac. usgs. gov/documents/592/NASADEM_User_Guide_V1. pdf(Accessed September 23, 2021).

CHEN H Y, YU H, YE G J, et al, 2019. Return period and the trend of extreme disastrous rainstorm events in Zhejiang Province[J]. Journal of Tropical Meteotology, 25(2): 192-200.

CHEN Q, YE T, ZHAO N, et al, 2021. Mapping China's regional economic activity by integrating points-of-interest and remote sensing data with random forest[J]. Environment and Planning B: Urban Analytics and City Science, 48(7): 1876-1894.

GAUGHAN A E, STEVENS F R, HUANG Z, et al, 2016. Spatiotemporal patterns of population in mainland China, 1990 to 2010[J]. Scientific Data, 3(1): 1-11.

STEVENS F R, GAUGHAN A E, LINARD C, et al, 2015. Disaggregating Census Data for Population Mapping Using Random Forests with Remotely-Sensed and Ancillary Data[J]. PLoS One, 10(2): e0107042.

YANG X, YAO C, CHEN Q, et al, 2019a. Improved Estimates of Population Exposure in Low-Elevation Coastal Zones of China[J]. International Journal of Environmental Research and Public Health, 16(20): 4012.

YANG X, YE T, ZHAO N, et al, 2019b. Population Mapping with Multisensor Remote Sensing Images and Point-Of-Interest Data[J]. Remote Sensing, 11(5): 574.

YANG X, YUE W, GAO D, 2013. Spatial improvement of human population distribution based on multi-sensor remote-sensing data: an input for exposure assessment[J]. International Journal of Remote Sensing, 34(15): 5569-5583.

YE T, ZHAO N, YANG X, et al, 2019. Improved population mapping for China using remotely sensed and points-of-interest data within a random forests model[J]. Science of the Total Environment, 658: 936-946.

YUE W, GAO J, YANG X, 2014. Estimation of Gross Domestic Product Using Multi-Sensor Remote Sensing Data: A Case Study in Zhejiang Province, East China[J]. Remote Sensing, 6(8): 7260-7275.

附录 1　基础地理信息数据

(1)行政边界数据:包括 1∶10000 比例尺的吴兴区行政边界、吴兴区下属乡镇(街道)行政边界等数据。资料来源于浙江省自然资源厅,数据更新时间为 2021 年 4 月,格式为 Esri shapefile 标准。

(2)电子地图数据:由国务院普查办提供在线底图服务。

(3)高程数据:来源于 NASA 2020 年公开发布的 DEM 数据,数据格式为 GeoTIFF,空间分辨率约为 30 m,投影为经纬度投影。在制作海拔高度和坡度因子时,将其投影转换为 WGS 1984 UTM ZONE 51N 投影并进行重采样,重采样到 100 m。

(4)路网数据:源于中国科学院资源与环境数据中心,道路类别包括国道、城市道路、省道、县道和乡道,矢量数据进一步处理成最近道路距离栅格数据(DtC-road),空间分辨率为 100 m。

(5)植被覆盖度数据:来源于国家卫星气象中心共享的 MODIS 年平均植被覆盖度栅格产品,数据格式为 Envi Image 标准二进制格式,现势性达到 2019 年,空间分辨率约为 250 m,投影为经纬度投影。

(6)土地覆盖数据:详见刘良云,张肖. 2020 年全球 30 m 地表覆盖精细分类产品 V1.0,2021-08-12. 中国科学院空天信息创新研究,http://hdl.pid21.cn/21.86109/casearth.6123651428a58f70c2a51e49,用于干旱灾种相关产品制作。

(7)土壤电导率和土壤数据:数据来源于联合国粮农组织(FAO)和维也纳过激应用系统研究所(IIASA)所构建的世界土壤数据库(Harmonized World Soil Database version 1.1)(HWSD)。中国境内土壤数据源为第二次全国土地调查南京土壤所提供的 1∶1000000 土壤数据,数据格式为 grid 栅格格式,投影为 WGS84,采用的土壤分类系统主要为 FAO-90。

(8)土地利用类型数据:来源于中科院空天信息创新研究院的 2020 年全球 30 m 精细地表覆盖产品(GLC_FCS30_2020)。该数据是在 2015 年全球精细地表覆盖产品(GLC_FCS30_2015)基础上,结合 2019—2020 年时序 Landsat 地表反射率数据、Sentinel-1SAR 数据、DEM 地形高程数据、全球专题辅助数据集以及先验知识数据及生产得到。

附录 2　社会经济数据

附录 2.1　人口暴露度

(1)资料来源

① 统计资料:人口普查数据来源于统计数据网 2020 年第七次人口普查,县级(level-3)和乡镇/街道级(level-4)的人口数据,根据该数据区域名称与行政区划数据关联,得到人口行政区划矢量数据。

② 卫星“珞珈一号”遥感夜间灯光数据:该卫星是全球首颗专业夜光遥感卫星,是武汉大学“珞珈一号”科学试验卫星工程的第一颗卫星,主要用于试验验证国内处于空白的“夜光遥感”技术,和国家急需的“低轨卫星导航增强”等技术。数据来源于高分湖北中心提供的 2018 年夜间灯光产品,空间分辨率约为 130 m,将其投影转换为 WGS 1984 UTM ZONE 51N 投影,并重采样到 100 m 空间分辨率。

③ 植被指数数据:MODIS/Terra Vegetation Indices 16 day L3 Global 250 m SIN Grid V061 NDVI 数据,来自 NASA 官方遥感影像数据下载网站,空间分辨率为 250 m,将其投影转换为 WGS 1984 UTM ZONE 51N 投影,计算最大植被指数,重采样到 100 m。

④ DEM 高程数据:来自 NASA 官方遥感影像数据下载网站的 NASADEM 数据集,是基于 SRTM 原始遥测数据生成的接近全球的地球 DEM,将其投影转换为 WGS 1984 UTM ZONE 51N 投影并进行重采样,计算海拔高度和坡度因子,重采样到 100 m。

⑤ 路网数据:源于中国科学院资源与环境数据中心,道路类别包括国道、城市道路、省道、县道和乡道,矢量数据进一步处理成最近道路距离栅格数据(DtC-road),空间分辨率为 100 m。

⑥ 兴趣点(POI)数据:以高德地图作为 POI 数据源,基于 python 爬取高德地图 API,并清洗数据,获取了研究范围内具有经纬度空间信息、名称功能属性信息的 POI 数据。根据 POI 数据特征表达方法,采用核密度法表征点要素的空间影响域,计算各类 POI 密度栅格图,并以 level-3(县级)的人口均值为响应变量,相应行政区划内的 POI 密度均值为自变量,根据随机森林回归模型的重要性系数(%IncMSE)赋予不同类型的 POI 以权重,融合形成 POI 密度图层。

(2)评估方法

① 随机森林建模

随机森林模型是由 Breiman 提出的一种集合决策树机器学习算法,它为算法中每颗树的每个节点保留最佳随机选择的变量组合,并平均单个树的结果来输出最终的预测。随机森林算法具有准确率高、与大数据集成效果好等优势,适合于高分辨率人口空间化制图的研究。此外,随机森林算法中存在一定比例的袋外数据,作为数据验证可获取到内部生成的袋外误差,而无须以其他数据作为验证，该方法在简单而可理解的结构基础上大幅提高了准确性，结果近似于需要大量计算的 k 折交叉验证。

人口空间化建模中，随机森林回归的变量有：NDVI（年最大植被指数）、Elevation（海拔高度）、Slope（坡度）、Dtc-road（道路距离）、POI_Nightlight density（POI 夜间灯光密度），在乡镇/街道（level-4）行政区划内，对上述指示因子取平均值，均值作为每一个样本的解释变量，以镇/街道（level-4）人口密度（七普数据的常住人口/行政单元面积）的自然对数为响应变量，构建的模型结果 f=（NDVI，Elevation，Slope，Dtc-road，POI_Nightlight density）。

② 分区密度制图

分区密度制图在人口数据空间化中是常用的方法，使人口空间化数据细化至传统人口普查区域内部，用于动态人口分布建模，其可行性与可靠性已被验证。该方法根据不同输入变量权重，将人口数据从一组空间单元（源区）转换至另一个空间分区（目标区）。研究将 RF 输出人口密度预测结果作为权重，实现县（市、区）尺度上统计人口的格网化分配：

$$D_{ij}=P_i\times W_j/(W_1+W_2+\cdots+W_k)$$

式中，i 表示的行政区划序号，j 表示该行政区划内的像元序号，k 表示该行政区划内非空像元的总数，W_j 表示像元的权重值，P_i 表示第 i 个行政区划内的统计人口总数，D_{ij} 表示单个像元内的人口数量。

（3）人口暴露度评估区划

吴兴区暴雨灾害人口暴露度分布空间分布呈现周边地区低、城市中心高的趋势，与 GDP 暴露度空间分布相似，即人口越集中，经济越发达，符合经济发展规律。其中吴兴区行政中心所在的市中心街道及其相邻的环渚街道暴露度最高，其余地区暴露度普遍偏低（附图 1）。

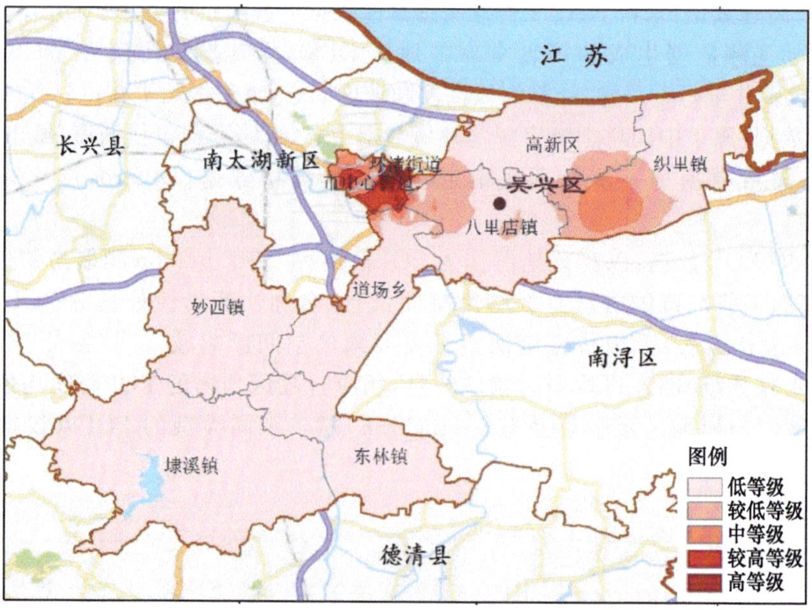

附图 1　吴兴区人口暴露度空间分布图

附录 2.2 经济暴露度

(1)资料来源

① 统计资料:GDP 统计数据来自浙江省统计年鉴,根据经济活动类型将 GDP 分为第一产业 GDP(包括农业、林业、畜牧业和渔业)、第二产业 GDP 和第三产业 GDP,共 6 个部分。

② 卫星"珞珈一号"遥感夜间灯光(NTL)数据:该卫星是全球首颗专业夜光遥感卫星,是武汉大学"珞珈一号"科学试验卫星工程的第一颗卫星,主要用于试验验证国内处于空白的"夜光遥感"技术,和国家急需的"低轨卫星导航增强"等技术。数据来源于高分湖北中心提供的 2018 年夜间灯光产品,空间分辨率约为 130 m,将其投影转换为 WGS 1984 UTM ZONE 51N 投影,并重采样到 100 m 空间分辨率。

③ 植被指数数据(NDVI):MODIS/Terra Vegetation Indices 16 day L3 Global 250 m SIN Grid V061 NDVI 数据,来自 NASA 官方遥感影像数据下载网站,空间分辨率为 250 m,将其投影转换为 WGS 1984 UTM ZONE 51N 投影,计算最大植被指数,重采样到 100 m。

④ 净初级生产力数据(NPP):净初级生产力(Net Primary Production)数据为 version-55 Terra/MODIS NPP 产品(MOD17A3),下载自美国国家航空航天局,空间分辨率为 1 km,将其投影转换至 WGS 1984 UTM ZONE 51N 投影,并重采样至 100 m 分辨率。

⑤ DEM 高程数据:来自 NASA 官方遥感影像数据下载网站的 NASADEM 数据集,是基于 SRTM 原始遥测数据生成的接近全球的地球 DEM,下载地址为:https://ladsweb.modaps.eosdis.nasa.gov/,将其投影转换为 WGS 1984 UTM ZONE 51N 投影并进行重采样,计算海拔高度和坡度因子,重采样到 100 m。

⑥ 地表温度数据(LST):地表温度(Land Surface Temperature)数据来自 MODIS MOD11A2 产品,分为日间地表温度和夜间地表温度,时间分辨率为 8 d,空间分辨率为1 km。取 2010 年夏季 6 至 8 月的地表温度,分别计算日平均地表温度(LST-day)和夜间地表平均温度(LST-night),将两者投影转换至 WGS 1984 UTM ZONE 51N 投影,并重采样至 100 m 分辨率。

⑦ 地表覆盖数据(Land Cover):30 m 分辨率地表覆盖数据下载自中国科学院资源与环境科学数据中心。利用 ArcGIS 中的聚合工具计算每 100 m 栅格中与第一产业相关的各类型用地(包括耕地、草地、林地和水体)所占比率,生成相应 100 m 分辨率栅格图层。

⑧ 路网数据:源于中国科学院资源与环境数据中心,道路类别包括国道、城市道路、省道、县道和乡道,利用 ArcGIS 中的线密度分析工具,计算路网线密度(Road_density),空间分辨率为 100 m。

⑨ 兴趣点(POI)数据:通过百度地图提供的 API,共抓取了 5006053 条 POI 数据,并根据其字段描述将其分为了第二产业相关 POIs(工业)和第三产业相关 POIs(服务业)。使用 ArcGIS 中的核密度(Kernel density estimation,KDE)和欧式距离(Euclidean distance)工具,将工业 POI 点数据转化为面数据,生成 POI 密度层(POIs-density-Sec)和 POI 距离层(Ed-POIs-Sec)。

(2)评估方法

① 随机森林回归和预测

随机森林模型(RF)是一种从决策树发展而来的经典机器学习方法。与传统的线性回归模型不同,RF 模型是一种针对过拟合的非参数方法,可以模拟预测和异质性预测变量之间的非线性关系。在本研究中，为了有效识别各自变量与不同 GDP 之间的复杂关系，共构建了 6 个随机森林模型。

选取与农业生产力相关的遥感数据，如地表覆盖、NDVI、NPP、LST、坡度、高程和离海岸线距离作为第一产业 RF 模型的自变量，以绘制第一产业中农业、渔业、林业和畜牧业的 GDP 密度图。

对于第二产业和第三产业，尽管已有研究证明夜间灯光和 GDP 之间有很好的相关性，但仅使用 NTL 很难实现对第二产业和第三产业的区分。故引入 POI 数据和 LST 数据，选取 NTL、LST-night、Rd-density、POIs-density-Sec 和 Ed-POIs-Sec 作为第二产业 RF 模型自变量，选取 NTL、LST-day、Rd-density、POIs-density-Ter 和 Ed-POIs-Ter 作为第三产业 RF 模型自变量，分别绘制第二产业（GDP2）和第三产业（GDP3）的 GDP 密度图。

在县级（level-3）行政区划内，分别对上述自变量取平均值，并与各产业县级 GDP 密度的对数进行关联，输入各随机森林模型进行拟合。在所有 RF 模型训练完毕后，将各输入变量对应的栅格输入模型，得到不同产业 GDP 在 100 m 分辨率的预测值，最后利用城市掩膜和水体掩膜对这些预测值进行掩膜处理，作为下一步计算的 GDP 权重层。

② 分区密度制图

为获得更加准确的 GDP 空间分布情况，本研究参考人口空间化中常用的分区密度制图法，对 GDP 权重层进行类似处理，公式如下：

$$D_{ij}=\mathrm{GDP}_i\times W_j/(W_1+W_2+\cdots+W_k)$$

式中 W_j 是 GDP 权重层栅格上的 GDP 权重值，k 是该栅格所在行政区划的栅格总和，GDP_i 代表该行政区划的 GDP 统计值，D_{ij} 就是各栅格预测得到的 GDP 密度值。

（3）经济暴露度评估区划

吴兴区 GDP 暴露度分布呈现周边地区低、城市中心高的趋势，与经济发展形式相吻合。其中吴兴区行政中心所在的市中心街道及其相邻的环渚街道暴露度最高，其余地区暴露度普遍较低（附图 2）。

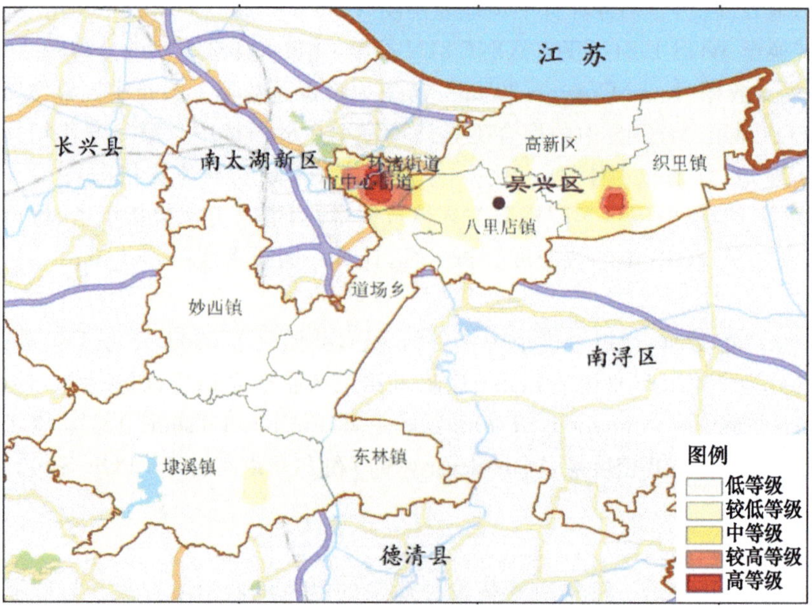

附图 2　吴兴区 GDP 暴露度空间分布图

附录3 湖州站数据

附表3.1 湖州国家基本气象站情况表

站名	站点海拔高度/m	台站类型	观测要素
湖州国家基本气象站	7.4	基本站	气温、气压、湿度、风、降水量、日照时数、雪深、蒸发、地面温度、浅层地温、深层地温、天气现象、酸雨、大气成分、土壤水分

附表3.2 雨季降水量多年平均值调查表

3—10月多年平均降水量/mm	3月多年平均降水量/mm	4月多年平均降水量/mm	5月多年平均降水量/mm	6月多年平均降水量/mm	7月多年平均降水量/mm	8月多年平均降水量/mm	9月多年平均降水量/mm	10月多年平均降水量/mm
1045.6	106.6	106.7	125.0	200.0	149.0	148.1	132.1	78.1

附表3.3 历年暴雨日数调查表

年份	年暴雨日数/d	4—10月暴雨日数/d	4月暴雨日数/d	5月暴雨日数/d	6月暴雨日数/d	7月暴雨日数/d	8月暴雨日数/d	9月暴雨日数/d	10月暴雨日数/d
2020	8	8	0	0	2	4	1	1	0
2019	7	7	0	1	2	1	1	2	0
2018	4	4	1	0	1	0	2	0	0
2017	2	2	0	0	1	1	0	0	0
2016	4	4	0	0	3	0	0	1	0
2015	2	2	0	0	0	0	2	0	0
2014	4	4	0	0	2	1	1	0	0
2013	2	2	0	0	0	0	0	0	2
2012	5	5	0	2	0	1	2	0	0
2011	1	1	0	0	1	0	0	0	0
2010	2	0	0	0	0	0	0	0	0
2009	3	3	0	0	0	2	1	0	0
2008	5	5	0	0	4	0	1	0	0
2007	3	3	0	0	1	0	0	1	1
2006	1	0	0	0	0	0	0	0	0
2005	3	3	0	1	0	1	1	0	0
2004	1	1	0	0	1	0	0	0	0
2003	1	1	0	0	1	0	0	0	0

续表

年份	年暴雨日数/d	4—10月暴雨日数/d	4月暴雨日数/d	5月暴雨日数/d	6月暴雨日数/d	7月暴雨日数/d	8月暴雨日数/d	9月暴雨日数/d	10月暴雨日数/d
2002	1	1	0	0	0	0	1	0	0
2001	4	4	0	0	1	1	2	0	0
2000	1	1	0	1	0	0	0	0	0
1999	9	9	0	0	7	1	1	0	0
1998	3	3	0	0	0	1	1	1	0
1997	2	2	0	0	0	0	2	0	0
1996	3	3	0	0	1	1	1	0	0
1995	5	5	0	0	1	2	0	0	2
1994	3	3	0	0	1	0	2	0	0
1993	8	7	0	1	0	3	3	0	0
1992	2	2	0	0	1	0	0	1	0
1991	3	3	0	0	2	1	0	0	0
1990	2	2	0	0	1	0	1	0	0
1989	7	7	1	1	1	0	2	2	0
1988	3	3	0	0	1	1	1	0	0
1987	5	5	0	0	0	2	2	1	0
1986	4	4	0	0	2	1	0	1	0
1985	5	4	0	0	1	1	0	1	1
1984	5	5	0	0	3	1	0	1	0
1983	6	6	0	0	2	1	0	1	2
1982	3	3	0	1	1	1	0	0	0
1981	6	6	0	1	2	0	2	0	1
1980	4	4	0	0	1	2	0	1	0
1979	3	3	0	0	0	1	1	1	0
1978	2	2	0	1	1	0	0	0	0

附表 3.4　历年大暴雨日数调查表

年份	年大暴雨日数/d	4—10月大暴雨日数/d	4月大暴雨日数/d	5月大暴雨日数/d	6月大暴雨日数/d	7月大暴雨日数/d	8月大暴雨日数/d	9月大暴雨日数/d	10月大暴雨日数/d
2019	1	1	0	0	0	0	1	0	0
2016	1	1	0	0	1	0	0	0	0
2013	1	1	0	0	0	0	0	0	1
2012	1	1	0	0	0	0	1	0	0
2007	1	1	0	0	0	0	0	0	1
2001	1	1	0	0	0	0	1	0	0
1999	1	1	0	0	1	0	0	0	0

续表

年份	年大暴雨日数/d	4—10月大暴雨日数/d	4月大暴雨日数/d	5月大暴雨日数/d	6月大暴雨日数/d	7月大暴雨日数/d	8月大暴雨日数/d	9月大暴雨日数/d	10月大暴雨日数/d
1998	1	1	0	0	0	1	0	0	0
1997	1	1	0	0	0	0	1	0	0
1989	1	1	0	0	0	0	0	1	0
1984	1	1	0	0	1	0	0	0	0
1983	2	2	0	0	0	0	0	1	1
1981	1	1	0	0	1	0	0	0	0

附表3.5 不同重现期不同日数最大降水调查表

连续日数/d	重现期/a	最大降水量/mm	连续日数/d	重现期/a	最大降水量/mm
1	5	119.1	5	20	260.1
3	5	169.9	10	20	338.4
5	5	194.0	1	50	192.8
10	5	242.7	3	50	275.3
1	10	142.6	5	50	300.6
3	10	203.4	10	50	400.7
5	10	228.1	1	100	213.3
10	10	290.7	3	100	304.8
1	20	164.8	5	100	330.0
3	20	235.1	10	100	447.5

附表3.6 不同重现期不同历时最大降水调查表

小时数/h	重现期/a	最大降水量/mm	小时数/h	重现期/a	最大降水量/mm
1	5	40.8	12	20	117.4
3	5	60.0	24	20	157.4
6	5	72.1	1	50	58.9
12	5	84.6	3	50	85.1
24	5	115.8	6	50	109.0
1	10	47.5	12	50	139.2
3	10	68.5	24	50	184.8
6	10	83.8	1	100	64.2
12	10	100.5	3	100	90.4
24	10	136.7	6	100	119.6
1	20	52.5	12	100	156.2
3	20	76.2	24	100	205.3
6	20	95.0			

附表 3.7 暴雨过程调查表

开始时间（年-月-日）	结束时间（年-月-日）	持续时间/d	致灾因子-过程累积降水量/mm	致灾因子-平均降水量/mm·d^{-1}	致灾因子-1小时降水量最大值/mm	致灾因子-3小时降水量最大值/mm	致灾因子-6小时降水量最大值/mm	致灾因子-12小时降水量最大值/mm
2020-09-17	2020-09-17	1	80.7	80.7	9.6	20.5	35.5	64.0
2020-08-10	2020-08-10	1	72.5	72.5	41.3	69.5	72.4	72.7
2020-07-20	2020-07-20	1	58.9	58.9	29.2	33.9	34.8	50.0
2020-07-15	2020-07-16	2	160.5	80.3	17.0	34.6	50.9	68.0
2020-07-06	2020-07-06	1	63.3	63.3	14.1	17.0	35.3	50.1
2020-06-21	2020-06-21	1	80.8	80.8	10.2	26.3	43.0	66.8
2020-06-03	2020-06-03	1	64.0	64.0	41.9	63.2	63.7	63.8
2019-09-06	2019-09-06	1	57.9	57.9	40.4	44.7	55.8	57.3
2019-09-01	2019-09-01	1	70.8	70.8	10.2	27.6	45.7	62.1
2019-08-10	2019-08-10	1	156.2	156.2	22.0	50.4	82.4	114.0
2019-07-13	2019-07-13	1	50.2	50.2	10.8	22.4	38.3	62.7
2019-06-21	2019-06-21	1	86.0	86.0	26.2	39.0	69.7	85.2
2019-06-18	2019-06-18	1	61.9	61.9	8.6	19.5	28.6	45.9
2019-05-26	2019-05-26	1	75.1	75.1	12.8	22.4	41.6	69.2
2018-08-17	2018-08-17	1	85.2	85.2	17.8	30.7	40.4	59.0
2018-08-03	2018-08-03	1	74.8	74.8	26.0	37.8	63.8	70.9
2018-06-20	2018-06-20	1	81.1	81.1	26.8	48.3	62.7	80.3
2018-04-23	2018-04-23	1	50.5	50.5	11.7	22.8	39.1	50.0
2017-07-01	2017-07-01	1	54.8	54.8	30.7	53.3	54.7	54.8
2017-06-05	2017-06-05	1	65.0	65.0	12.9	35.6	47.6	65.0
2016-09-29	2016-09-29	1	66.8	66.8	10.0	20.4	28.4	41.4
2016-06-20	2016-06-20	1	227.6	227.6	40.2	84.5	127.6	177.8
2016-06-12	2016-06-12	1	86.8	86.8	12.6	33.6	61.1	85.4
2016-06-01	2016-06-01	1	82.1	82.1	51.3	71.6	77.4	79.4
2015-08-22	2015-08-22	1	53.7	53.7	12.2	21.8	25.2	44.9
2015-08-10	2015-08-10	1	50.1	50.1	5.7	15.4	23.1	42.8
2014-08-03	2014-08-03	1	50.7	50.7	30.7	44.0	46.2	46.2
2014-07-12	2014-07-12	1	53.0	53.0	21.0	25.1	31.1	55.6
2014-06-26	2014-06-26	1	77.3	77.3	25.2	54.8	61.0	69.8
2014-06-21	2014-06-21	1	65.7	65.7	21.1	48.6	55.8	58.6
2013-10-07	2013-10-08	2	265.0	132.5	24.4	54.4	88.6	144.0
2012-08-08	2012-08-10	3	251.1	83.7	41.5	65.1	87.1	141.4
2012-07-07	2012-07-07	1	53.6	53.6	50.7	55.1	56.3	56.5
2012-05-30	2012-05-30	1	63.6	63.6	10.7	22.4	39.0	56.2

续表

开始时间（年-月-日）	结束时间（年-月-日）	持续时间/d	致灾因子-过程累积降水量/mm	致灾因子-平均降水量/mm·d^{-1}	致灾因子-1小时降水量最大值/mm	致灾因子-3小时降水量最大值/mm	致灾因子-6小时降水量最大值/mm	致灾因子-12小时降水量最大值/mm
2012-05-08	2012-05-08	1	68.8	68.8	21.2	44.2	56.8	71.0
2011-06-15	2011-06-15	1	54.7	54.7	16.4	29.1	35.8	53.6
2010-03-05	2010-03-05	1	50.3	50.3	10.8	22.3	29.1	48.3
2010-03-03	2010-03-03	1	50.0	50.0	8.6	13.2	22.3	34.5
2009-08-10	2009-08-10	1	58.3	58.3	13.3	33.8	50.9	53.6
2009-07-30	2009-07-30	1	52.9	52.9	28.7	41.5	48.2	49.8
2009-07-24	2009-07-24	1	56.1	56.1	32.3	53.8	56.2	56.6
2008-08-25	2008-08-25	1	56.3	56.3	21.9	44.4	49.2	56.3
2008-06-27	2008-06-27	1	86.8	86.8	33.3	66.5	73.8	89.0
2008-06-17	2008-06-18	2	122.1	61.1	21.1	33.9	53.5	68.4
2008-06-10	2008-06-10	1	57.2	57.2	16.0	23.8	31.0	59.3
2007-10-08	2007-10-08	1	165.6	165.6	20.0	42.2	68.3	95.9
2007-09-19	2007-09-19	1	76.5	76.5	11.3	28.2	47.4	68.8
2007-06-28	2007-06-28	1	61.9	61.9	35.2	48.3	59.5	59.9
2006-01-19	2006-01-19	1	59.8	59.8	4.6	11.2	19.0	32.4
2005-08-06	2005-08-06	1	57.8	57.8	9.7	26.5	44.2	60.5
2005-07-16	2005-07-16	1	50.5	50.5	44.8	50.4	50.4	50.4
2005-05-01	2005-05-01	1	61.3	61.3	23.3	51.0	51.9	60.5
2004-06-25	2004-06-25	1	78.1	78.1	18.0	37.3	63.7	78.6
2002-08-24	2002-08-24	1	81.7	81.7	57.0	82.4	83.8	83.8
2001-08-25	2001-08-25	1	60.5	60.5	11.6	26.9	38.1	57.1
2001-08-10	2001-08-10	1	100.6	100.6	28.9	58.1	89.8	96.9
2001-07-06	2001-07-06	1	73.8	73.8	24.5	52.0	73.3	74.3
2001-06-24	2001-06-24	1	59.4	59.4	16.4	36.5	47.5	68.2
2000-05-26	2000-05-26	1	51.3	51.3	12.6	27.4	31.1	57.9
1999-08-27	1999-08-27	1	56.7	56.7	16.6	23.6	45.6	54.1
1999-07-18	1999-07-18	1	63.6	63.6	21.1	46.0	61.5	63.4
1999-06-30	1999-06-30	1	115.8	115.8	—	—	46.8	70.2
1999-06-24	1999-06-27	4	298.0	74.5	15.8	41.8	52.4	72.1
1999-06-08	1999-06-10	3	171.9	57.3	19.2	32.4	44.1	58.1
1998-09-20	1998-09-20	1	94.5	94.5	8.4	20.9	31.2	62.4
1998-08-27	1998-08-27	1	56.4	56.4	42.0	48.4	48.4	48.5
1998-07-23	1998-07-23	1	115.9	115.9	40.1	92.7	105.2	117.3
1997-08-19	1997-08-19	1	58.4	58.4	14.4	31.9	39.5	57.9

续表

开始时间（年-月-日）	结束时间（年-月-日）	持续时间/d	致灾因子-过程累积降水量/mm	致灾因子-平均降水量/mm·d^{-1}	致灾因子-1小时降水量最大值/mm	致灾因子-3小时降水量最大值/mm	致灾因子-6小时降水量最大值/mm	致灾因子-12小时降水量最大值/mm
1997-08-13	1997-08-13	1	127.5	127.5	32.1	87.2	120.8	127.6
1996-08-13	1996-08-13	1	71.5	71.5	16.0	31.0	31.2	55.9
1996-07-21	1996-07-21	1	85.2	85.2	46.3	81.0	82.6	82.9
1996-06-25	1996-06-25	1	82.9	82.9	7.0	16.4	28.4	45.5
1995-10-04	1995-10-05	2	116.0	58.0	5.9	15.5	26.1	44.0
1995-07-06	1995-07-06	1	70.4	70.4	29.6	33.9	47.8	60.7
1995-07-02	1995-07-02	1	77.4	77.4	19.9	40.6	64.1	72.6
1995-06-22	1995-06-22	1	72.1	72.1	14.2	31.8	52.9	72.2
1994-08-27	1994-08-27	1	51.4	51.4	30.8	40.6	55.3	56.2
1994-08-19	1994-08-19	1	54.5	54.5	28.0	51.8	53.7	54.3
1994-06-09	1994-06-09	1	90.6	90.6	17.0	25.0	37.3	58.4
1993-08-21	1993-08-21	1	55.8	55.8	14.0	24.3	26.4	29.0
1993-08-19	1993-08-19	1	53.2	53.2	28.8	39.2	44.4	51.3
1993-08-04	1993-08-04	1	60.7	60.7	24.8	52.7	59.6	59.6
1993-07-18	1993-07-19	2	118.3	59.2	29.6	37.5	49.2	61.8
1993-07-04	1993-07-04	1	52.5	52.5	12.7	25.2	37.5	49.3
1993-05-19	1993-05-19	1	64.2	64.2	12.6	23.6	41.5	62.3
1993-03-25	1993-03-25	1	58.0	58.0	—	—	—	—
1992-09-23	1992-09-23	1	95.6	95.6	29.3	61.6	81.5	92.3
1992-06-14	1992-06-14	1	67.5	67.5	32.3	51.3	58.6	66.3
1991-07-05	1991-07-05	1	65.9	65.9	21.7	51.1	63.0	65.6
1991-06-16	1991-06-16	1	61.5	61.5	10.1	24.3	35.9	48.3
1991-06-13	1991-06-13	1	66.7	66.7	17.1	27.3	33.9	43.9
1990-08-31	1990-08-31	1	69.8	69.8	12.6	32.8	48.8	72.2
1990-06-26	1990-06-26	1	58.7	58.7	40.4	57.4	57.4	61.4
1989-09-14	1989-09-16	3	197.6	65.9	26.5	60.7	66.6	129.0
1989-08-29	1989-08-29	1	62.8	62.8	34.6	39.1	64.0	64.5
1989-08-04	1989-08-04	1	57.1	57.1	13.6	33.9	43.6	52.4
1989-06-16	1989-06-16	1	70.4	70.4	14.3	31.6	41.7	55.5
1989-05-22	1989-05-22	1	63.2	63.2	10.1	18.2	22.8	36.7
1989-04-28	1989-04-28	1	62.6	62.6	8.9	19.4	27.8	51.2
1988-08-21	1988-08-21	1	75.8	75.8	49.3	52.5	57.5	62.2
1988-07-30	1988-07-30	1	55.9	55.9	23.7	35.1	43.6	55.2
1988-06-19	1988-06-19	1	66.6	66.6	13.1	24.2	34.5	50.1

续表

开始时间（年-月-日）	结束时间（年-月-日）	持续时间/d	致灾因子-过程累积降水量/mm	致灾因子-平均降水量/mm·d^{-1}	致灾因子-1小时降水量最大值/mm	致灾因子-3小时降水量最大值/mm	致灾因子-6小时降水量最大值/mm	致灾因子-12小时降水量最大值/mm
1987-09-11	1987-09-11	1	91.0	91.0	14.3	29.3	46.0	82.3
1987-08-20	1987-08-21	2	116.0	58.0	51.0	55.7	60.2	60.9
1987-07-26	1987-07-26	1	54.5	54.5	29.7	52.3	53.6	54.5
1987-07-04	1987-07-04	1	57.8	57.8	18.1	37.0	46.7	56.5
1986-09-13	1986-09-13	1	54.2	54.2	8.4	19.2	31.5	42.0
1986-07-22	1986-07-22	1	58.9	58.9	52.8	56.4	57.9	57.9
1986-06-30	1986-06-30	1	55.6	55.6	21.3	47.7	53.6	54.6
1986-06-22	1986-06-22	1	68.7	68.7	26.4	48.6	51.6	57.1
1985-10-25	1985-10-25	1	55.5	55.5	6.9	17.2	23.3	35.8
1985-09-01	1985-09-01	1	65.8	65.8	51.5	60.2	61.9	62.2
1985-07-31	1985-07-31	1	98.1	98.1	38.9	51.4	66.1	78.9
1985-06-25	1985-06-25	1	74.8	74.8	25.0	53.9	62.1	66.1
1985-03-26	1985-03-26	1	55.8	55.8	—	—	—	—
1984-09-02	1984-09-02	1	70.9	70.9	10.4	17.8	25.5	46.6
1984-07-21	1984-07-21	1	51.1	51.1	27.8	44.0	44.1	44.1
1984-06-13	1984-06-14	2	220.2	110.1	26.3	70.5	111.7	154.5
1984-06-07	1984-06-07	1	62.0	62.0	21.4	41.8	58.6	62.2
1983-10-04	1983-10-05	2	158.0	79.0	31.4	59.3	70.6	83.3
1983-09-16	1983-09-16	1	103.0	103.0	49.1	60.1	69.0	90.7
1983-07-05	1983-07-05	1	64.2	64.2	8.2	18.9	33.7	58.0
1983-06-30	1983-06-30	1	56.0	56.0	8.7	17.9	29.5	51.4
1983-06-25	1983-06-25	1	67.4	67.4	30.2	48.5	56.6	64.6
1982-07-20	1982-07-20	1	56.0	56.0	16.2	28.8	41.6	52.7
1982-06-22	1982-06-22	1	53.9	53.9	19.6	33.8	44.6	53.3
1982-05-13	1982-05-13	1	58.0	58.0	8.7	19.8	27.8	43.6
1981-10-08	1981-10-08	1	57.2	57.2	7.5	17.4	26.0	43.5
1981-08-13	1981-08-13	1	60.7	60.7	29.4	52.5	59.6	59.8
1981-08-11	1981-08-11	1	52.9	52.9	20.6	36.8	51.4	51.4
1981-06-28	1981-06-28	1	100.3	100.3	15.2	22.8	43.8	74.9
1981-06-24	1981-06-24	1	69.9	69.9	31.7	57.4	68.6	68.6
1981-05-02	1981-05-02	1	53.6	53.6	31.9	44.7	51.8	52.2
1980-09-20	1980-09-20	1	59.4	59.4	21.0	29.2	42.7	54.7
1980-07-30	1980-07-30	1	50.7	50.7	12.1	29.5	35.3	48.6
1980-07-13	1980-07-13	1	83.5	83.5	43.0	68.1	74.5	75.0

续表

开始时间（年-月-日）	结束时间（年-月-日）	持续时间/d	致灾因子-过程累积降水量/mm	致灾因子-平均降水量/mm·d^{-1}	致灾因子-1小时降水量最大值/mm	致灾因子-3小时降水量最大值/mm	致灾因子-6小时降水量最大值/mm	致灾因子-12小时降水量最大值/mm
1980-06-10	1980-06-10	1	50.6	50.6	15.5	30.4	39.1	48.7
1979-09-22	1979-09-22	1	50.1	50.1	18.3	26.0	46.4	49.0
1979-08-13	1979-08-13	1	57.2	57.2	35.9	51.7	53.7	53.7
1979-07-17	1979-07-17	1	62.4	62.4	19.9	40.7	55.3	57.8
1978-06-30	1978-06-30	1	53.7	53.7	34.0	46.5	51.9	52.0
1978-05-09	1978-05-09	1	51.1	51.1	7.2	16.8	24.0	36.8
1977-09-15	1977-09-15	1	84.8	84.8	48.8	68.8	71.5	80.8
1977-09-11	1977-09-11	1	68.9	68.9	10.0	28.3	48.8	61.0
1977-09-07	1977-09-07	1	50.1	50.1	34.1	51.3	57.9	57.9
1977-07-20	1977-07-21	2	136.3	68.2	42.7	68.7	120.3	122.3
1977-04-27	1977-04-27	1	103.5	103.5	11.8	32.2	44.6	66.8
1975-09-13	1975-09-13	1	74.0	74.0	63.9	70.1	70.2	70.3
1975-06-27	1975-06-27	1	52.4	52.4	11.3	21.8	36.1	42.1
1975-05-15	1975-05-15	1	64.3	64.3	15.4	42.5	56.4	63.1
1974-06-16	1974-06-16	1	68.9	68.9	20.1	56.5	68.4	69.2
1974-05-19	1974-05-19	1	75.0	75.0	31.1	69.5	69.5	74.2
1973-09-17	1973-09-17	1	61.2	61.2	8.4	16.9	27.1	52.0
1973-09-06	1973-09-06	1	52.6	52.6	11.2	20.7	27.9	49.1
1972-09-03	1972-09-03	1	51.6	51.6	20.0	49.7	50.4	50.8
1971-09-20	1971-09-20	1	53.4	53.4	6.8	19.4	31.6	45.5
1971-06-19	1971-06-19	1	51.2	51.2	16.8	24.0	29.5	42.5
1970-08-30	1970-08-30	1	114.1	114.1	38.4	81.3	102.3	105.6
1970-06-07	1970-06-07	1	71.0	71.0	17.5	35.6	44.7	62.3
1970-03-02	1970-03-02	1	52.1	52.1	—	—	—	—
1969-09-06	1969-09-06	1	136.2	136.2	25.5	62.5	88.5	125.2
1969-07-04	1969-07-04	1	60.0	60.0	11.5	27.9	47.9	56.9
1968-08-09	1968-08-09	1	57.5	57.5	21.6	44.7	51.0	56.1
1967-07-05	1967-07-05	1	67.6	67.6	14.9	36.9	48.9	63.0
1966-09-07	1966-09-07	1	79.0	79.0	21.0	48.5	64.2	74.3
1964-09-19	1964-09-19	1	66.3	66.3	10.3	24.1	30.2	50.9
1964-06-27	1964-06-27	1	82.4	82.4	34.7	37.0	51.7	77.5
1964-05-10	1964-05-10	1	68.1	68.1	26.4	36.4	44.4	50.5
1963-09-13	1963-09-13	1	126.8	126.8	14.4	36.3	65.8	109.2
1962-10-04	1962-10-04	1	55.2	55.2	8.3	16.2	28.9	64.6

续表

开始时间（年-月-日）	结束时间（年-月-日）	持续时间/d	致灾因子-过程累积降水量/mm	致灾因子-平均降水量/mm·d^{-1}	致灾因子-1小时降水量最大值/mm	致灾因子-3小时降水量最大值/mm	致灾因子-6小时降水量最大值/mm	致灾因子-12小时降水量最大值/mm
1962-09-05	1962-09-06	2	277.5	138.8	22.9	53.9	88.0	146.4
1962-06-24	1962-06-24	1	58.5	58.5	18.8	36.6	44.2	46.1
1962-05-14	1962-05-14	1	53.7	53.7	13.7	31.2	40.7	47.4
1961-10-04	1961-10-05	2	137.2	68.6	—	—	46.8	66.8
1961-09-22	1961-09-22	1	71.1	71.1	12.7	31.9	40.8	66.2
1961-09-14	1961-09-14	1	98.6	98.6	32.9	54.3	67.3	80.4
1961-06-09	1961-06-09	1	67.4	67.4	15.6	25.6	38.2	54.3
1961-05-20	1961-05-20	1	69.1	69.1	—	—	13.7	18.8
1960-08-03	1960-08-04	2	222.5	111.3	34.6	43.3	74.2	105.7
1960-07-29	1960-07-29	1	127.2	127.2	27.1	65.8	89.7	100.6
1960-07-19	1960-07-19	1	50.6	50.6	27.8	48.8	48.8	48.8
1960-06-10	1960-06-10	1	63.0	63.0	10.4	22.5	29.3	41.8
1960-04-13	1960-04-13	1	73.3	73.3	19.1	40.8	56.5	74.3
1959-05-05	1959-05-05	1	58.2	58.2	9.2	16.9	28.4	47.8
1959-04-11	1959-04-11	1	55.3	55.3	7.1	17.9	28.6	46.8
1958-09-21	1958-09-21	1	50.8	50.8	37.4	42.2	43.0	43.2
1958-08-27	1958-08-27	1	63.5	63.5	15.0	42.8	57.6	61.9
1957-07-02	1957-07-04	3	162.2	54.1	—	—	—	—
1957-06-30	1957-06-30	1	75.9	75.9	—	—	—	—
1957-06-25	1957-06-25	1	77.4	77.4	—	—	—	—
1957-05-05	1957-05-05	1	58.7	58.7	—	—	—	—

注：—为缺测